小学 **5** 年生

基礎から活用まで

まるっと 算数 プリント

フォーラム・A

まえがき

　2020年4月からの新教育課程にあわせて編集したのが本書です。本シリーズは小学校の算数の内容をすべて取り扱っているので「まるっと算数プリント」と命名しました。

　はじめて算数を学ぶ子どもたちも、ゆっくり安心して取り組めるように、問題の質や量を検討しました。算数の学習は積み重ねが大切だといわれています。1日10分、毎日の学習を続ければ、算数がおもしろくなり、自然と学習習慣も身につきます。

　また、内容の理解がスムースにいくように、図を用いたりして、わかりやすいくわしい解説を心がけました。重点教材は、念入りにくり返して学習できるように配慮して、まとめの問題でしっかり理解できているかどうか確認できるようにしています。

　各学年の内容を教科書にそって配列してありますので、日々の家庭学習にも十分使えます。

　このようにして算数の基礎基本の部分をしっかり身につけましょう。

　算数の内容は、これら基礎基本の部分と、それらを活用する力が問われます。教科書は、おもに低学年から中学年にかけて、計算力などの基礎基本の部分に重点がおかれています。中学年から高学年にかけて基礎基本を使って、それらを活用する力に重点が移ります。

　本書は、活用する力を育てるために「特別ゼミ」のコーナーを新設しました。いろいろな問題を解きながら、算数の考え方にふれていくのが一番よい方法だと考えたからです。楽しみながらこれらの問題を体験して、活用する力を身につけましょう。

　本書を、毎日の学習に取り入れていただき、算数に興味をもっていただくとともに活用する力も伸ばされることを祈ります。

特別ゼミ　面積は同じ

　右のような長方形を組み合わせた形の面積を1本の直線で面積が同じになるように分けます。左側の長方形の対角線の交点を求めます。次に右側の長方形の対角線の交点を求めます。この2つの交点を通る直線をひけば、同じ面積に分けることができます。

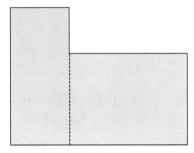

目　次

1　整数と小数①〜③ ……………………………………5
　整数と小数について学習します。10倍、100倍、1000倍や10分の1、
　100分の1、1000分の1について学習します。

2　体　積①〜⑦ ……………………………………………8
　体積の単位cm³、m³を学習し、直方体、立方体の体積の求め方を学習
　します。また、容積についても学習します。

3　比　例①〜② ……………………………………………15
　簡単な比例の問題を学習します。

4　小数のかけ算①〜⑦ …………………………………17
　小数×小数の計算の仕方を学習します。小数点の打ち方に注意しましょう。

5　小数のわり算①〜⑨ …………………………………24
　小数÷小数の計算の仕方を学習します。わる数とわられる数を10倍する
　などして、わる数が整数になるようにすれば4年の問題と同じです。

6　合同な図形①〜⑥ ……………………………………33
　合同な図形について学習します。

7　図形の角①〜③ ………………………………………39
　図形の角の大きさについて学習します。
　三角形の内角の和が180度から始まって、多角形の内角の和を導きます。

8　偶数と奇数 ……………………………………………42
　倍数と約数①〜⑦ ……………………………………43
　偶数と奇数を学習し、倍数、公倍数、最小公倍数、約数、公約数、最大公
　約数を学習します。分数の計算の準備内容にもなります。

9　分数・小数・整数①〜④ ……………………………50
　分数と小数、整数の関係について学習します。

10　等しい分数①〜⑤ ……………………………………54
　分数の分子・分母に同じ数をかけて等しい分数をつくります。
　これより分母が異なる分数の通分につなげていきます。

11　分数のたし算・ひき算①〜⑩ ………………………59
　異なる分母の分数のたし算、ひき算を学習します。

12　平　均①〜② ……………………………………………69
　平均の求め方の学習をします。

13　単位量あたりの大きさ①〜⑦ ………………………71
　こみぐあいなどを調べるときには、ある量を基準に比較することがあり
　ます。単位量を基準にして比較することを学習します。

14　速　さ①〜⑤ ……………………………………………78
　速さ、道のり、時間の関係について学習します。

15　図形の面積①〜⑤ ……………………………………83
　平行四辺形、三角形、台形、ひし形の面積の求め方を学習します。

16　割合とグラフ①〜⑧ …………………………………88
　割合について学習し、百分率、歩合なども学習します。
　帯グラフ、円グラフなどについても学習します。

17　正多角形と円周の長さ①〜④ ………………………96
　多角形の内角や中心角を学習します。円周の長さの求め方も学習します。

18　角柱と円柱①〜⑤ ……………………………………100
　角柱や円柱などの立体の性質について学習します。

19　特別ゼミ ………………………………………………105

　答　え ……………………………………………………116

1 整数と小数 ①

1 □にあてはまる数をかきましょう。

① 32.06は、10を □ 個と、1を □ 個と、

0.1を □ 個と、0.01を □ 個あわせた数です。

② 154.8は、100を □ 個と、10を □ 個と、

1を □ 個と、0.1を □ 個あわせた数です。

2 □にあてはまる数をかきましょう。

① $459 = 100 \times \boxed{} + 10 \times \boxed{} + 1 \times \boxed{}$

② $67.01 = 10 \times \boxed{} + 1 \times \boxed{}$

$+ 0.1 \times \boxed{} + 0.01 \times \boxed{}$

③ $3.852 = \boxed{} \times 3 + \boxed{} \times 8$

$+ \boxed{} \times 5 + \boxed{} \times 2$

④ $95.86 = \boxed{} \times 9 + \boxed{} \times 5$

$+ \boxed{} \times 8 + \boxed{} \times 6$

3 次の数は、0.001を何個集めた数ですか。

① 0.007 （　　　　　）

② 0.052 （　　　　　）

③ 0.789 （　　　　　）

④ 3.6 （　　　　　）

4 下の□に右のカードをあてはめて、一番大きい数と一番小さい数をつくりましょう。

一番大きい数 □□.□□□

一番小さい数 □□.□□□

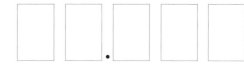

5

1 整数と小数 ②

1　2.5を10倍、100倍、$\frac{1}{10}$、$\frac{1}{100}$にした数を調べましょう。

①　次の表を完成させましょう。

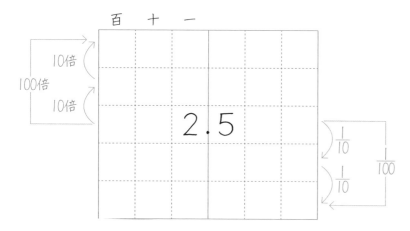

②　10倍すると、位は何けた上がりますか。

答え _____

③　100倍すると、位は何けた上がりますか。

答え _____

④　$\frac{1}{10}$にすると、位は何けた下がりますか。

答え _____

⑤　$\frac{1}{100}$にすると、位は何けた下がりますか。

答え _____

2　次の数を10倍、100倍、$\frac{1}{10}$、$\frac{1}{100}$にした数をかきましょう。

7.53

①　10倍（　　　　　）　②　100倍（　　　　　）

③　$\frac{1}{10}$（　　　　　）　④　$\frac{1}{100}$（　　　　　）

26.8

⑤　10倍（　　　　　）　⑥　100倍（　　　　　）

⑦　$\frac{1}{10}$（　　　　　）　⑧　$\frac{1}{100}$（　　　　　）

3　次の□にあてはまる数をかきましょう。

①　7.54の小数点を右に１つ　7.54

移すと□　倍の数になり、

右に２つ移すと□　倍の数になります。

②　69.3の小数点を左に１つ　69.3

移すと□　の数になり、

左に２つ移すと□　の数になります。

整数12を10倍すると、12の右側に０を１つかいて、120になります。

整数200を$\frac{1}{10}$にすると200の右側の０を１つ消して、20になります。

12の10倍

120
↑かく

200の$\frac{1}{10}$

200
↑消す

小数12.3を10倍すると、小数点が右に１つ移り123になります。

小数56.4を$\frac{1}{10}$にすると小数点が左に１つ移り5.64になります。

12.3の10倍

12.3

56.4の$\frac{1}{10}$

5.64

1 次の数をかきましょう。

① 25 の 10倍　　　（　　　　）

② 37 の 100倍　　（　　　　）

③ 46 の 1000倍　（　　　　）

④ 120 の $\frac{1}{10}$　　（　　　　）

⑤ 2800 の $\frac{1}{100}$　（　　　　）

⑥ 34000 の $\frac{1}{1000}$　（　　　　）

2 次の数をかきましょう。

① 3.6 の 10倍　　（　　　　）

② 3.14 の 100倍　（　　　　）

③ 0.01 の 1000倍　（　　　　）

④ 37.6 の $\frac{1}{10}$　（　　　　）

⑤ 237 の $\frac{1}{100}$　（　　　　）

⑥ 48 の $\frac{1}{1000}$　（　　　　）

体積は、1辺の長さが1cmの立方体が何個分あるかで
表します。

1辺の長さが1cmの立方体の体積を
1立方センチメートル といい、**1cm³** と
かきます。

1 次の立体の体積は何cm³ですか。

 は、1cm³とします。

①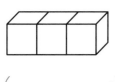

（　　　　　cm³）

②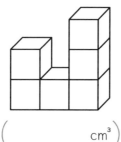

（　　　　　cm³）

③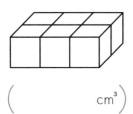

（　　　　　cm³）

④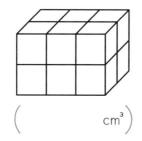

（　　　　　cm³）

2 次の立体の体積は何cm³ですか。

①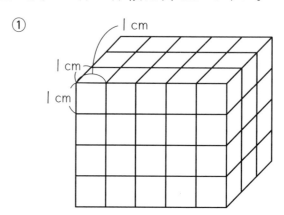

式 3×5×4＝

答え _____

②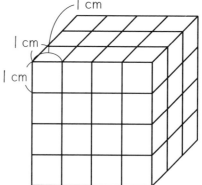

式

答え _____

直方体や立方体の体積は次の公式で求められます。

直方体の体積＝たて×横×高さ
立方体の体積＝1辺×1辺×1辺

8

2 体 積 ②

学 習 日	名
月　日	前

色を
ぬろう

わから　だいたい　できた！
ない　　できた

1 次の直方体の体積を求めましょう。

①
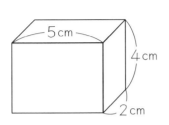

5cm / 4cm / 2cm

式

答え

②
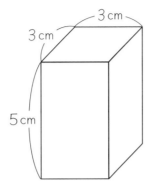

3cm / 3cm / 5cm

式

答え

③
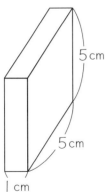

5cm / 5cm / 1cm

式

答え

④
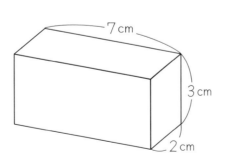

7cm / 3cm / 2cm

式

答え

2 立方体の体積を求めましょう。

①
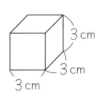

3cm / 3cm / 3cm

式

答え

②
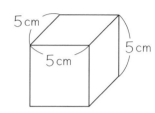

5cm / 5cm / 5cm

式

答え

③
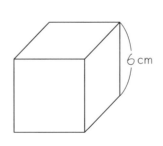

6cm

式

答え

④
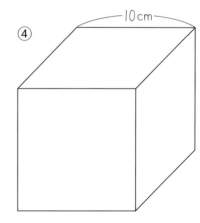

10cm

式

答え

2 体 積 ③

学 習 日	名
月　日	前

色を
ぬろう

わから
ない　だいたい
できた　できた！

1 右の立体の体積を2つ
の方法で求めましょう。

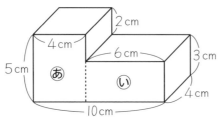

①

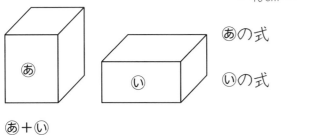

あの式

いの式

あ＋い

答え _____

②

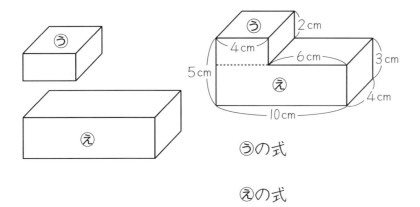

うの式

えの式

う＋え

答え _____

2 立体の体積を、2つに分けて求めましょう。

①

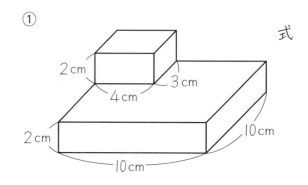

式

答え _____

②

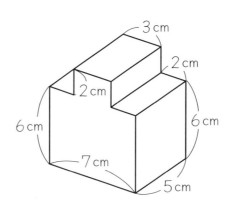

式

答え _____

1 次の立体の体積を、欠けている部分を取りのぞく方法で
求めましょう。

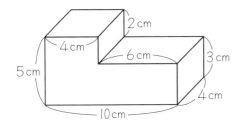

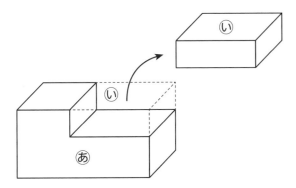

あ（大きな直方体）の式

い（欠けている部分）の式

あーい

答え＿＿＿＿＿＿＿＿

2 次の立体の体積を、欠けている部分を取りのぞく方法
で求めましょう。

①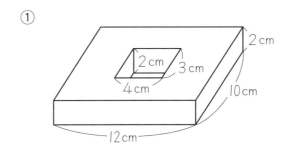

式

答え＿＿＿＿＿＿＿＿

②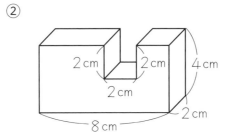

式

答え＿＿＿＿＿＿＿＿

学習日　月　日
名前
色をぬろう　わからない　だいたいできた　できた!

1辺の長さが1mの立方体の体積を
1立方メートル といい、1m³ とかきます。

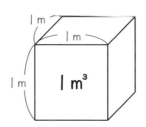

1　次の立体の体積を求めましょう。

①

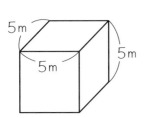

式

答え _____

②

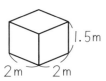

式

答え _____

③　たて4m、横2m、高さ5mの直方体

式

答え _____

2　1m³ について調べましょう。

①　1m³は何cm³ですか。

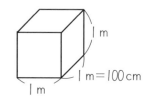

式

1m³ = ☐ cm³

②　1m³は何mLですか。

1cm³ = 1mL

1m³ = ☐ mL

③　1m³は何Lですか。

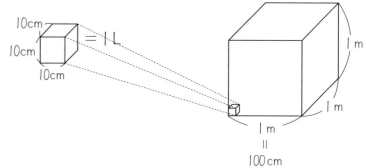

10×10×10 = ☐ cm³

1m³ = ☐ L

12

水のかさと体積の関係を調べましょう。

1Lの水を、たて10cm、横10cmの容器（ようき）に入れると、高さが10cmになります。

1Lは、10cm×10cm×10cm＝1000cm³ということです。

$$1L＝1000cm³　　　1L＝1000mL$$

1 内のり（容器の内側のたて、横、深さ）が、図のような容器に、水を満たすと何cm³入りますか。また、それは何Lですか。

① 式

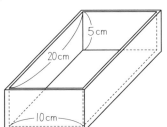

答え　　　　　cm³,　　　　　L

② 式

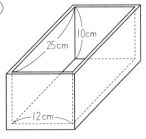

答え　　　　　,

2 内のりが図のような容器に、20Lの水を入れます。深さは何cmになりますか。

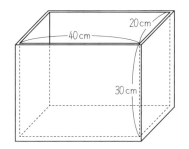

式

答え

3 厚（あつ）さ1cmの板でできた容器があります。これに水を満たすと、水は何cm³入りますか。

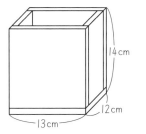

式

答え

1 次の□にあてはまる数をかきましょう。 （各10点）

① 1 m³ = 　　　　 cm³

② 1 m³ = 　　　　 L

③ 2 L = 　　　　 cm³

④ 3 L = 　　　　 mL

⑤ 3 cm³ = 　　 mL

3 次の立体の体積を求めましょう。 （式、答え各10点）

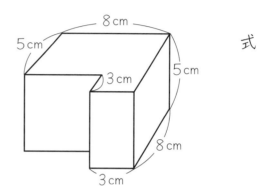

式

答え

2 次の直方体と立方体の体積を求めましょう。 （式、答え各5点）

①

4 cm　3 cm　2 cm

式

答え

②
6 cm　6 cm　6 cm

式

答え

4 下のような形の体積を次の式で求めました。
どのように考えたのか、図に線をかき入れましょう。 （10点）

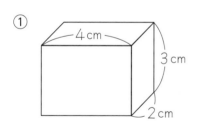

3 cm　8 cm　5 cm　5 cm　8 cm　5 cm

$5 \times 3 \times 3 + 5 \times 8 \times 5$

③ 比 例 ①

色を
ぬろう

1 石だんの1つの高さは15cmです。石だんのだんの数と全体の高さの関係を表にかきましょう。

だんの数 (だん)	1	2	3	4	5	
高　さ (cm)	15					

2 1本の重さが6gのくぎがあります。くぎの本数と全体の重さの関係を表にかきましょう。

本　数 (本)	1	2	3		10	11
重　さ (g)	6					

3 厚さ7mmの本を積んだときの本のさっ数と高さの関係を表にかきましょう。

さっ数 (さつ)	1	2	3			
高　さ (mm)	7				49	56

4 次の表は、紙のまい数と重さの関係を表にしたものです。

まい数 (まい)	10	20	30	40	50	
重　さ (g)	50	100	150	200	250	

① 紙10まいの重さは何gですか。

答え _____

② 紙のまい数を3倍にすると、重さは何倍になりますか。

答え _____

③ この紙70まいのときの重さは何gですか。

答え _____

④ この紙1まいの重さは何gですか。

答え _____

3 比 例 ②

学習日	名前
月　日	

色を
ぬろう

わからない　だいたいできた　できた！

---

1 1mの重さが8gのはり金があります。このはり金の長さと重さの関係を調べましょう。

はり金の長さが2倍、3倍、4倍、……になると、重さはどのように変わりますか。ア〜ウにあてはまる数をかきましょう。

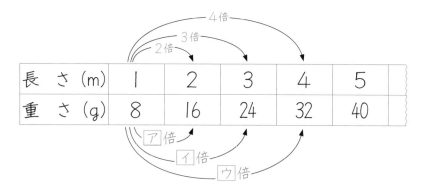

長　さ (m)	1	2	3	4	5
重　さ (g)	8	16	24	32	40

答え　ア　　　　　イ　　　　　ウ

　2つの数量があって、一方のあたいが2倍、3倍、……になると、それにともなってもう一方のあたいも2倍、3倍、……になるとき、この2つの数量は **比例** するといいます。

---

2 下の表で、○が□に比例しているなら（　　　）に比例すると、そうでないときは比例しないとかきましょう。

① （　　　　　　　　　　）

□ （個）	1	2	3	4	5	6
○ （kg）	2	4	6	8	10	12

② （　　　　　　　　　　）

□ （m）	1	2	3	4	5	6
○ （m）	12	6	4	3	2.4	2

3 正三角形の1辺の長さを変えて正三角形をかきます。

1辺の長さとまわりの長さの関係を表にしましょう。

1辺の長さ (cm)	1	2	3	4	5	6
まわりの長さ (cm)	3					

4 小数のかけ算 ①

小学4年生で、小数×整数の計算をしました。
同じように、整数×小数の計算を考えます。
24×3.4 の筆算は

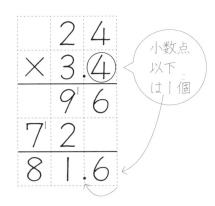

小数点以下は1個

1. 整数のかけ算と同じようにする。
2. 小数点以下の数にあわせて積の小数点を打つ。

1 次の計算をしましょう。

①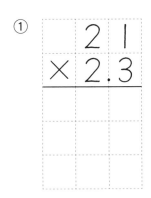
```
  2 1
× 2.3
```

②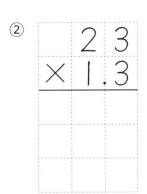
```
  2 3
× 1.3
```

2 次の計算をしましょう。

①
```
  3 2
× 2.2
```

②
```
  4 2
× 1.6
```

③
```
  3 4
× 1.2
```

④
```
  2 4
× 1.7
```

⑤
```
  1 2
× 1.5
```

⑥
```
  1 5
× 1.8
```

4 小数のかけ算 ②

3.4×4.7 の筆算は

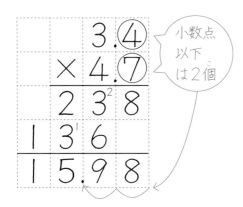

小数点以下は2個

1. 整数と同じように計算する。
2. 小数点以下の数にあわせて積の小数点を打つ。

2 次の計算をしましょう。

①
```
   4.6
×  6.8
```

②
```
   4.9
×  4.8
```

③
```
   6.3
×  6.3
```

④
```
   6.5
×  3.9
```

⑤
```
   5.4
×  9.5
```

⑥
```
   9.8
×  3.5
```

1 次の計算をしましょう。

①
```
   2.3
×  8.7
```

②
```
   3.7
×  8.4
```

4 小数のかけ算 ③

6×0.7 の計算を考えてみましょう。

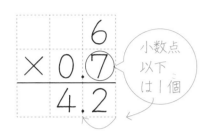

（ふきだし：小数点以下は1個）

$6×0.7=4.2$

6×7＝42 とかいて、小数点を打ちます。

0.3×0.4 の計算を考えてみましょう。

（ふきだし：小数点以下は2個）（ふきだし：0をかく）

$0.3×0.4=0.12$

3×4＝12 とかいて、小数点を打ちます。

1 次の計算をしましょう。

① $5×0.7=$ 　　　② $7×0.3=$

③ $9×0.6=$ 　　　④ $8×0.7=$

⑤ $3×0.9=$ 　　　⑥ $4×0.6=$

⑦ $6×0.8=$ 　　　⑧ $9×0.4=$

⑨ $7×0.4=$ 　　　⑩ $8×0.6=$

⑪ $5×0.6=$ 　　　⑫ $8×0.5=$

2 次の計算をしましょう。

① $0.9×0.6=$

② $0.8×0.7=$

③ $0.6×0.8=$

④ $0.7×0.5=$

⑤ $0.4×0.6=$

⑥ $0.8×0.5=$

19

学習日　月　日

名前

色を
ぬろう
わからない　だいたいできた　できた！

1　次の計算をしましょう。

①
```
    1.8 9
×   6.7
```

②
```
    2.6 7
×   9.8
```

③
```
    5.7 9
×   9.7
```

④
```
    2.7 9
×   9.4
```

⑤
```
    3.4 6
×   7.5
```

⑥
```
    6.1 4
×   4.5
```

2　次の計算をしましょう。

①
```
    1 7.9
× 0.8 7
```

②
```
    3 8.9
× 0.9 6
```

③
```
    1 5.8
× 0.7 9
```

④
```
    3 6.7
× 0.6 3
```

⑤
```
    7 7.5
× 0.7 8
```

⑥
```
    6 2.5
× 0.5 2
```

4 小数のかけ算 ⑤

1 １mのねだんが70円のリボンを2.5m買いました。代金はいくらですか。

式

答え

2 １Lの重さが0.8kgの灯油0.7Lの重さは何kgですか。

式

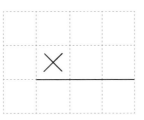

答え

3 １mの重さが9.5gのはり金があります。このはり金4.8mの重さは何gですか。

式

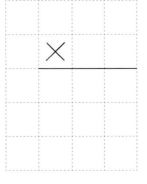

答え

4 １mの重さが3.24kgのパイプがあります。このパイプ4.6mの重さは何kgですか。

式

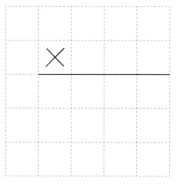

答え

5 たてが6.35m、横が8.5mの長方形の土地の面積は何m²ですか。

式

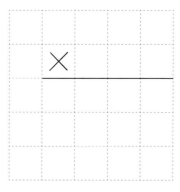

答え

6 たてが4.07m、横が7.4mの長方形の池の面積は何m²ですか。

式

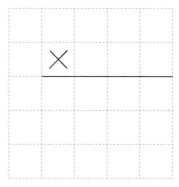

答え

学習日　月　日

名前

1 6×0.4 の積は、2.4です。積の 2.4 は、かけられる数の6より小さいですね。積がかけられる数より小さくなるのはどれですか。□に〇をつけましょう。

① ☐ 45×0.9　　② ☐ 60×0.5

③ ☐ 40×1.2　　④ ☐ 0.8×20

> 小数のかけ算では、1より小さい数をかけると、その積はかけられる数より小さくなります。

2 正しい積になるように小数点を打ちましょう。

①
```
    4.2
×   7.6
    252
  294
  3192
```

②
```
    2.5
×   8.4
    100
  200
  2100
```

③
```
   1.47
×    5.2
    294
  735
  7644
```

④
```
    3.5
×   7.8
    280
  245
  2730
```

3 □にあてはまる数をかきましょう。

① 3.4×5.6＝5.6×☐

② 6.4×2.5＋3.6×2.5

＝(☐ ＋ ☐)×2.5

＝ ☐ ×2.5

4 80円の3倍は、80×3＝240 で 240円です。

① 80円の3.5倍は何円になりますか。

答え _____

② 80円の0.7倍は何円になりますか。

答え _____

> 1より小さい小数で表す倍もあります。

5 お父さんの体重は65kgです。弟の体重はお父さんの0.6倍だそうです。弟の体重は何kgですか。

式

答え _____

4 小数のかけ算 ⑦ まとめ

学習日　月　日

名前

合格 80〜100点

点

1 □にあてはまる数をかきましょう。 (□1つ5点)

① 8.4×6.3＝6.3× □

② 2.5×5.7＋2.5×4.3
　＝2.5×(5.7＋ □)
　＝2.5× □
　＝ □

2 積がかけられる数より小さくなるものに○をつけましょう。 (1つ5点)

① 3×0.6 (　)　② 1.5×0.3 (　)

③ 0.7×1.2 (　)　④ 6.2×0.8 (　)

3 正しい積になるように小数点を打ちましょう。 (各5点)

①
```
    9
×  0.7
─────
   6 3
```

②
```
    2.3
×   8.2
─────
    4 6
  1 8 4
─────
  1 8 8 6
```

③
```
    0.6
×   0.8
─────
    4 8
```

4 次の計算をしましょう。 (各10点)

①
```
    1.5
×   7.1
```

②
```
    7.4
×   2.2
```

③
```
    4.2 3
×     2.3
```

④
```
    1.2 4
×     2.5
```

5 1Lで1.8m²のかべをぬれるペンキがあります。
　このペンキ2.4Lでは何m²ぬれますか。 (式、答え各5点)

式

答え _____

5 小数のわり算 ①

学習日　月　日　名前　　色をぬろう　わからない　だいたいできた　できた！

10÷2 と 100÷20 を考えます。

10÷2 は、10円を2人で分けると
1人分は5円です。

100÷20 は、100円を20人で分けると
やはり1人分は5円です。

10÷2＝5、100÷20＝5

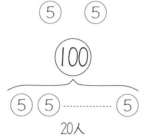

つまり、「わられる数」と「わる数」を10倍しても答え
は同じになります。

これをわり算の性質といいます。

次に小数のわり算 6.35÷2.5 を考えてみましょう。

わり算の性質を使って、「わる数」と「わられる数」を
それぞれ10倍しても、答えは同じになります。

$$6.35 \div 2.5 \ \Rightarrow \ 63.5 \div 25$$

63.5÷25 の計算は、すでに4年生で習った計算ですね。

計算練習に入る前に、小数点の移動について練習します。
6.35÷2.5 を筆算で表すと

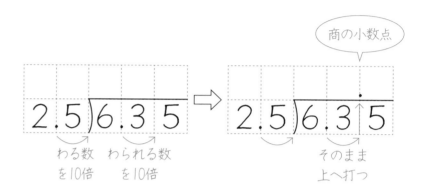

98÷1.4 のときは

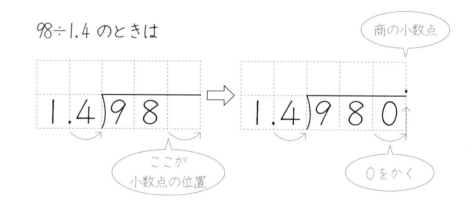

1 商の小数点を打ちましょう。

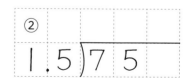

1 次の計算をしましょう。

①
$$0.7\overline{)4.48}$$

②
$$0.4\overline{)2.48}$$

③
$$0.5\overline{)4.85}$$

④
$$0.2\overline{)1.14}$$
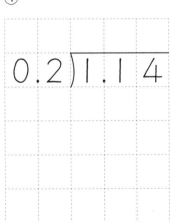

2 次の計算をしましょう。

①
$$0.8\overline{)0.24}$$

②
$$0.3\overline{)0.18}$$

③
$$0.7\overline{)0.56}$$
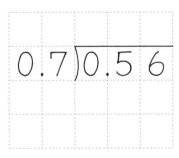

④
$$0.9\overline{)0.72}$$

⑤
$$0.5\overline{)0.35}$$

⑥
$$0.6\overline{)0.36}$$
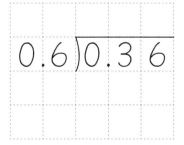

5 小数のわり算 ③

学習日　月　日　／　名前

色を
ぬろう
わから
ない　だいたい
できた　できた！

1 次の計算をしましょう。

①

$$4.5\overline{)6.3}$$

②

$$5.2\overline{)7.8}$$

③

$$2.5\overline{)9.5}$$

④

$$1.8\overline{)6.3}$$

2 次の計算をしましょう。

①

$$2.6\overline{)9.1}$$

②

$$5.6\overline{)8.4}$$

③

$$4.2\overline{)6.3}$$

④

$$3.2\overline{)4.8}$$

5 小数のわり算 ④

1 次の計算をしましょう。

①

$$2.5\overline{)9.75}$$

②

$$1.6\overline{)9.44}$$

③

$$2.3\overline{)5.75}$$

④

$$5.8\overline{)9.28}$$

2 次の計算をしましょう。

①

$$3.5\overline{)8.05}$$

②

$$2.8\overline{)9.52}$$

③

$$1.9\overline{)8.55}$$

④

$$4.1\overline{)5.33}$$

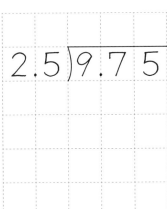

5 小数のわり算 ⑤

1 次の計算をしましょう。

①
$$1.3)\overline{10.4}$$

②
$$1.8)\overline{14.4}$$

③
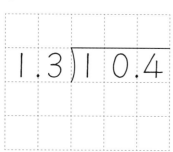
$$2.6)\overline{20.8}$$

④
$$2.5)\overline{17.5}$$

⑤
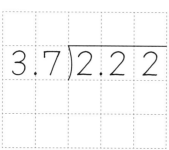
$$3.7)\overline{2.22}$$

⑥
$$4.8)\overline{3.84}$$

2 次の計算をしましょう。

①
$$0.3)\overline{6}$$

②
$$1.5)\overline{6}$$

> 小数のわり算では、1より小さい数でわると、
> その商は、わられる数より大きくなります。

3 商が6より大きくなるのはどれですか。□に〇をつけましょう。

① ☐ $6 \div 0.3$　② ☐ $6 \div 1.5$

③ ☐ $6 \div 1.2$　④ ☐ $6 \div 0.2$

4 商がわられる数より大きくなるのはどれですか。□に〇をつけましょう。

① ☐ $68 \div 2.5$　② ☐ $64 \div 0.8$

③ ☐ $3.5 \div 0.7$　④ ☐ $7.7 \div 1.1$

学習日　月　日
名前
色をぬろう

2.7÷0.6 の計算で、商は整数で求め、あまりを求めます。

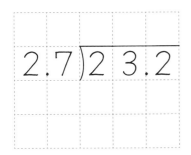

```
        4.
0.6)2.7
    2 4
    0.3
```

商は4です。　4×6=24
27−24=3　ですね。
あまりを求めるときは、わられる数の元の小数点をおろし
0.3 です。わる数 0.6 より小さいですね。

1 商は整数で求め、あまりも出しましょう。

①

```
2.7)2 3.2
```

（商　，あまり　）

②

```
3.6)2 1.8
```

（商　，あまり　）

2 商は整数で求め、あまりも出しましょう。

①

```
4.2)8 0.3
```

（商　，あまり　）

②

```
3.9)8 9.9
```

（商　，あまり　）

3 次の小数の $\frac{1}{100}$ の位を四捨五入して $\frac{1}{10}$ の位までの数にしましょう。

① 4.86（　　）　② 3.24（　　）

③ 6.41（　　）　④ 5.77（　　）

29

5 小数のわり算 ⑦

1 商は $\frac{1}{100}$ の位を四捨五入して、$\frac{1}{10}$ の位のがい数にしましょう。

2 商は $\frac{1}{100}$ の位を四捨五入して、$\frac{1}{10}$ の位のがい数にしましょう。

① (　　　　　)

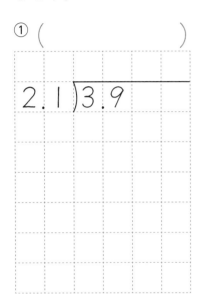

$2.1\overline{)3.9}$

② (　　　　　)

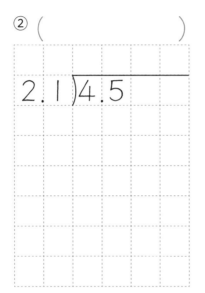

$2.1\overline{)4.5}$

① (　　　　　)

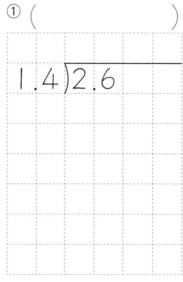

$1.4\overline{)2.6}$

② (　　　　　)

$1.7\overline{)2.6}$

③ (　　　　　)

$3.5\overline{)7.6}$

④ (　　　　　)

$0.9\overline{)6.4}$

③ (　　　　　)

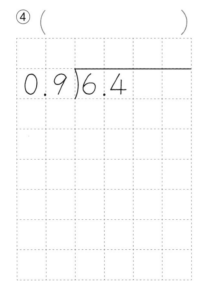

$3.4\overline{)9.3}$

④ (　　　　　)

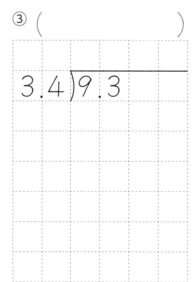

$2.7\overline{)8.3}$

5 小数のわり算 ⑧

1 3.5m の赤いテープ、4.2m の青いテープ、2.8m の黄色いテープがあります。

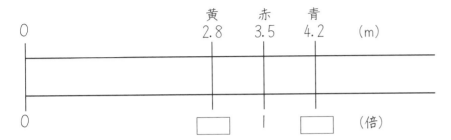

① 青いテープは、赤いテープの何倍ですか。

式

答え _____

② 黄色いテープは、赤いテープの何倍ですか。

式

答え _____

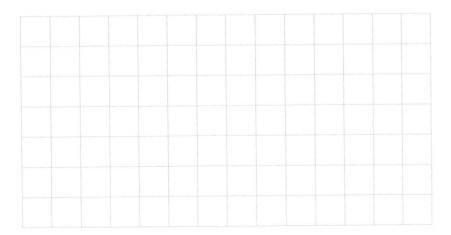

2 3.5m の赤いテープ、4.5m の青いテープ、2.5m の黄色いテープがあります。

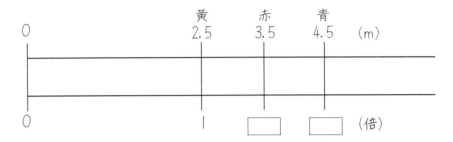

① 赤いテープは、黄色いテープの何倍ですか。

式

答え _____

② 青いテープは、黄色テープの何倍ですか。

式

答え _____

1 わりきれるまで計算しましょう。 （各10点）

① 5.4÷1.2

② 0.84÷3.5

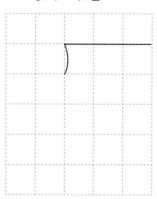

2 商を四捨五入して、上から2けたのがい数で表しましょう。 （各10点）

① 4.7÷3.3 （　　　）

② 2.5÷5.2 （　　　）

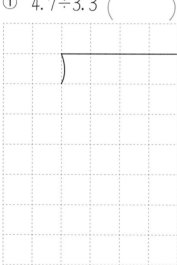

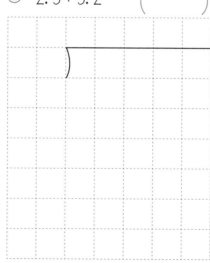

3 商は整数で求め、あまりを出しましょう。 （各10点）

① 53÷8.7

② 22÷4.7

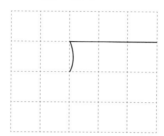

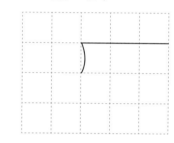

4 商がわられる数より大きくなるのはどれですか。□に○をつけましょう。 （○1つ10点）

① □ 8÷0.5

② □ 15÷1.2

③ □ 4.5÷1.5

④ □ 4.2÷0.7

5 たての長さは、横の長さの 0.6 倍で 12cm の長方形をかきます。横の長さは何cmですか。 （式、答え各10点）

式

答え＿＿＿＿＿＿＿＿＿

学 習 日	名
月　　日	前

形も大きさも同じものを集めてみました。

1 合同な図形を見つけましょう。

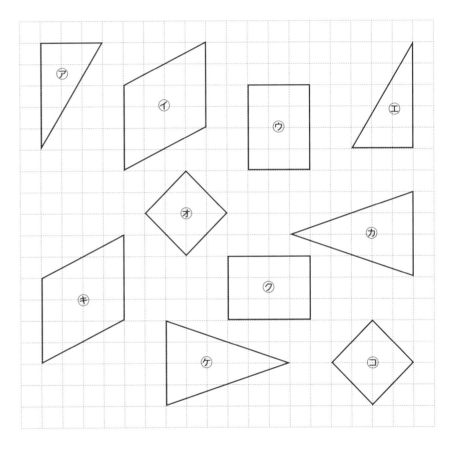

きちんと重ね合わすことのできる2つの図形は **合同** で
あるといいます。うら返して重なる図形も合同です。

＿＿＿ と ＿＿＿　　　＿＿＿ と ＿＿＿　　　＿＿＿ と ＿＿＿

＿＿＿ と ＿＿＿　　　＿＿＿ と ＿＿＿

6 合同な図形 ②

1 次の2つの三角形は合同です。重なりあうちょう点、辺、角をそれぞれ **対応するちょう点、対応する辺、対応する角** といいます。対応するちょう点、辺、角をいいましょう。

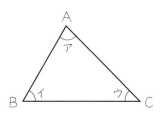 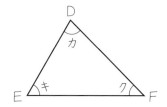

① ちょう点Aと _____

② ちょう点Bと _____

③ ちょう点Cと _____

④ 辺ABと _____ ⑤ 辺BCと _____

⑥ 辺CAと _____ ⑦ 角アと _____

⑧ 角イと _____ ⑨ 角ウと _____

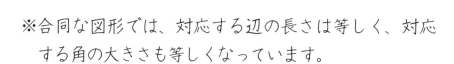

※合同な図形では、対応する辺の長さは等しく、対応する角の大きさも等しくなっています。

2 次の図は、対応する辺の長さが等しい2つの三角形です。この2つの三角形は合同といえますか。

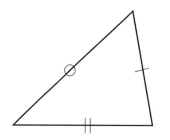 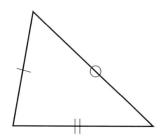

答え _____

3 次の図は、角アと角カ、角イと角キ、角ウと角クが等しい2つの三角形です。この2つの三角形は、合同といえますか。

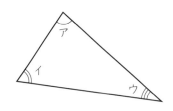 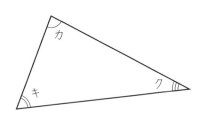

答え _____

6 合同な図形 ③

1　次の2つの四角形は合同です。

対応するちょう点、辺、角をいいましょう。

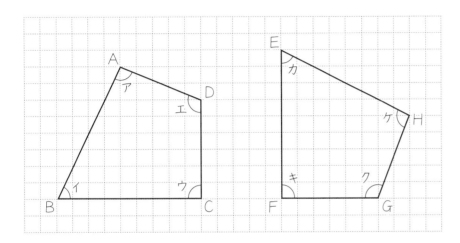

① ちょう点Aと _____

② ちょう点Bと _____

③ ちょう点Cと _____

④ ちょう点Dと _____

⑤ 辺ABと _____

⑥ 辺BCと _____

⑦ 辺CDと _____

⑧ 辺ADと _____

⑨ 角アと _____

⑩ 角イと _____

⑪ 角ウと _____

⑫ 角エと _____

2　次の図は、対応する辺の長さが等しい2つの四角形です。この2つの四角形は、合同といえますか。

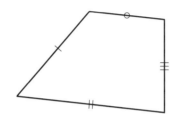

答え _____

3　次の図は、対応する角も対応する辺も等しい2つの四角形です。この2つの四角形は、合同といえますか。

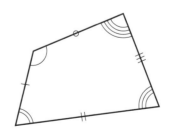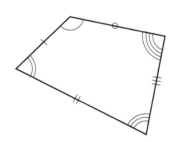

答え _____

35

6 合同な図形 ④

3辺の長さが決まっている三角形

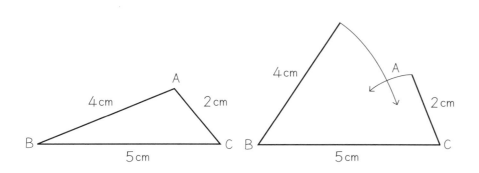

１　Bを中心にして、半径4cmの円をかく。

２　Cを中心にして、半径2cmの円をかく。
　　その交点がA。

1　3辺が5cm、6cm、4cmの三角形をかきましょう。

2辺の長さと、その間の角が決まっている三角形

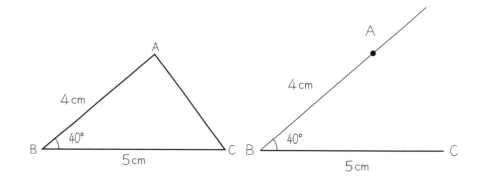

１　点Bの角を40°として直線をひく。

２　Bから4cmの長さをはかる。その点がA。

2　2辺が4cm、6cmで、その間の角が50°の三角形を
かきましょう。

――――――――――――
　　　　6cm

　　　　　　　　　　　50°
――――――――――――
　　　　6cm

6 合同な図形 ⑤

１辺の長さと、その両はしの角が決まっている三角形

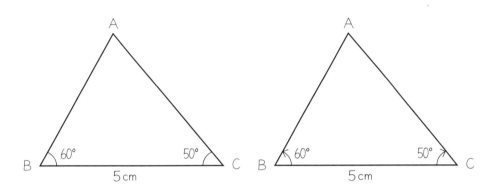

１　点Bの角を60°として直線をひく。

２　点Cの角を50°で直線をひく。その交点がA。

1　　１辺が６cmで、両はしの角が70°と40°の三角形を
かきましょう。

_____
6 cm

2　　合同な四角形をかくには、４つの辺の長さと対角線の
長さがわかればかけます。
　　（対角線で２つの三角形に分けます）

　　次の四角形（図はちぢめてあります）と合同な四角形
をかきましょう。

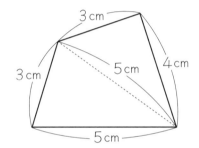

6 合同な図形 ⑥ まとめ

合格
80～100
点

点

1 三角形あと三角形いは合同です。　　（各8点）

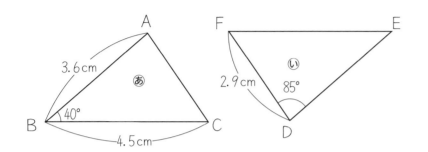

① 点Aに対応する三角形いの点はどこですか。

（　　　　　　　）

② 点Fに対応する三角形あの点はどこですか。

（　　　　　　　）

③ 辺DEの長さは何cmですか。

（　　　　　　　）

④ 辺ACの長さは何cmですか。

（　　　　　　　）

⑤ 角Eの大きさは何度ですか。

（　　　　　　　）

2 次の三角形をかきましょう。　　（各20点）

① 辺の長さが4cm、5cm、7cm

② 辺の長さが5cm、5cm、その間の角が30°

③ 辺の長さが6cm、両端の角度が40°と50°

38

7 図形の角 ①

学習日　月　日

名前

色を
ぬろう
わからない　だいたいできた　できた!

---

1 三角形の３つの角の大きさをはかり、その和を求めましょう。

①

あといは平行

アと同じ角度

イと同じ角度

ア _____

イ _____

ウ _____

ア＋イ＋ウ _____

※ 平行線あ、いの性質（せいしつ）より、アとイは、それぞれ右側のアとイと同じ角度にうつります。
　　これより ウ＋ア＋イ＝180° です。

②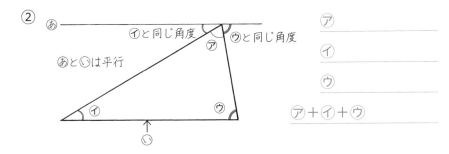

あ

イと同じ角度

ウと同じ角度

あといは平行

ア _____

イ _____

ウ _____

ア＋イ＋ウ _____

※ 平行線あ、いの性質より、イとウは、それぞれ上側のイとウと同じ角度にうつります。
　　これより イ＋ア＋ウ＝180° です。

三角形の３つの角の大きさの和はいつでも180°です。

---

2 次の角ア、角イ、角ウは何度ですか。

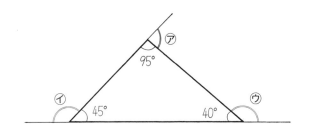

95°

イ 45°

40° ウ

ア _____

イ _____

ウ _____

---

3 次の角度を求めましょう。

①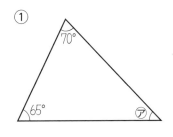

70°

65°　　ア

式

②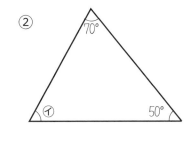

70°

イ　　50°

式

ア _____

イ _____

7 図形の角 ②

学 習 日　月　　日

名前

色を
ぬろう

わからない　だいたいできた　できた!

---

1 四角形の4つの角の大きさの和を求めましょう。

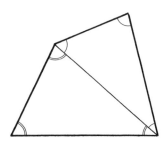

① 対角線を1本ひくと、2つ
の三角形になります。三角形
の3つの角の大きさの和は180°
なので、四角形の4つの角の
大きさの和は

式　180×2＝

答え _____

② 角度をはかって和を求めます。

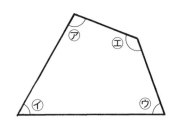

ア _____

イ _____

ウ _____

エ _____

ア＋イ＋ウ＋エ _____

四角形の4つの角の大きさの和は 360° です。

---

2 次の四角形の角度を求めましょう。

①

式

ア _____

②

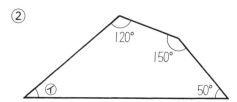

式

イ _____

③

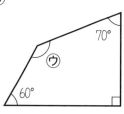

式

ウ _____

④

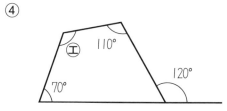

式

エ _____

学習日　月　日
名前

色を
ぬろう
わからない　だいたいできた　できた！

1 五角形の5つの角の大きさの和を、図を見て求めましょう。

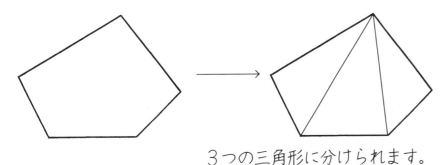

3つの三角形に分けられます。

式

答え _____

2 六角形の6つの角の大きさの和を求めましょう。

六角形

式

答え _____

　三角形や四角形、五角形のように、直線で囲まれた図形を **多角形** といいます。

3 多角形の角の大きさの和を表にまとめましょう。

三角形 四角形 五角形

六角形 七角形 八角形

	三角形	四角形	五角形
三 角 形 の 数	1		
角 の 大 き さ の 和	180°		
	六角形	七角形	八角形
三 角 形 の 数			
角 の 大 き さ の 和			

8 偶数と奇数

1 1から20までの整数をAとBの2つのグループに分けます。1から小さい順にA、B、A、B…と分けてかきましょう。

A	1	3								
B	2									

① Aの数を2でわってみましょう。
1÷2＝0あまり1 ， 3÷2＝　　　　　，
5÷2＝　　　　　， 7÷2＝

② Bの数を2でわってみましょう。
2÷2＝　　 ， 4÷2＝　　　 ，
6÷2＝　　 ， 8÷2＝

※ 2でわり切れない整数を **奇数** といいます。Aのグループの数は奇数です。
　2でわり切れる整数を **偶数** といいます。Bのグループの数は偶数です。0は偶数とします。

2 次の整数を偶数と奇数に分けましょう。

0　　19　　36　　48　　53　　304　　407　　661

偶数 _____　　　奇数 _____

3 3のだん、7のだん、6のだんのかけ算九九の答えをかいて、偶数に○をつけましょう。

① 3のだんの九九の答え（3×1～3×9）。

　3 , 6 , 　, 　, 　, 　, 　, 　,

② 7のだんの九九の答え（7×1～7×9）。

　7 , 　, 　, 　, 　, 　, 　, 　,

③ 6のだんの九九の答え（6×1～6×9）。

　6 , 　, 　, 　, 　, 　, 　, 　,

4 偶数か奇数かを □ にかきましょう。

① 偶数×偶数＝ [　　　]

② 偶数×奇数＝ [　　　]

③ 奇数×奇数＝ [　　　]

④ 偶数＋偶数＝ [　　　]

⑤ 偶数＋奇数＝ [　　　]

⑥ 奇数＋奇数＝ [　　　]

8 倍数と約数 ①

1 高さ3cmのチョコレートの箱を積んでいきます。

① 箱の数と高さの関係を表にまとめましょう。

箱 の 数（個）	1	2	3	4	5	6
箱の高さ（cm）	3	6				

② 箱の高さを表す数は、どんなきまりでならんでいますか。

答え　3に整数をかけた数になっている

※ 3に整数をかけてできる数を3の **倍数** といいます。
例えば 3×1, 3×2, 3×3, ……の数をいいます。

2 高さ4cmのクッキーの箱を積んでいきます。

① 箱の数と高さの関係を表にまとめましょう。

箱 の 数（個）	1	2	3	4	5	6
箱の高さ（cm）	4					

② 箱の高さは、何の倍数になっていますか。

答え

③ 箱を10個積むと、高さは何cmになりますか。

答え

3 色紙を1人に5まいずつ配っていきます。

① 人数と必要な色紙のまい数の関係を表にしましょう。

人　　数（人）	1	2	3	4	5	6
色紙の数（まい）	5	10				

② 色紙の数は、何の倍数ですか。

答え

③ 12人に配ると、色紙は何まいになりますか。

答え

4 次の数の倍数を、小さい方から順に5つかきましょう。

① 6の倍数　　6 ＿＿＿ ＿＿＿ ＿＿＿ ＿＿＿

② 7の倍数　　＿＿＿ ＿＿＿ ＿＿＿ ＿＿＿ ＿＿＿

③ 8の倍数　　＿＿＿ ＿＿＿ ＿＿＿ ＿＿＿ ＿＿＿

④ 9の倍数　　＿＿＿ ＿＿＿ ＿＿＿ ＿＿＿ ＿＿＿

8 倍数と約数 ②

1 数直線の数で、次の倍数に〇をつけましょう。

① 2の倍数

1 2 3 4 5 6 7 8 9 10 11 12 13 14 15 16 17 18 19 20 21 22 23 24

② 3の倍数

1 2 3 4 5 6 7 8 9 10 11 12 13 14 15 16 17 18 19 20 21 22 23 24

③ 2の倍数と3の倍数に共通な数を、2と3の **公倍数** といいます。2と3の公倍数を求めましょう。

答え _____

2 数直線の数で、次の倍数に〇をつけましょう。

① 2の倍数

1 2 3 4 5 6 7 8 9 10 11 12 13 14 15 16 17 18 19 20 21 22 23 24

② 4の倍数

1 2 3 4 5 6 7 8 9 10 11 12 13 14 15 16 17 18 19 20 21 22 23 24

③ 2と4の公倍数をかきましょう。

答え _____

3 数直線の数で、次の倍数に〇をつけましょう。

① 4の倍数

1 2 3 4 5 6 7 8 9 10 11 12 13 14 15 16 17 18 19 20 21 22 23 24

② 6の倍数

1 2 3 4 5 6 7 8 9 10 11 12 13 14 15 16 17 18 19 20 21 22 23 24

③ 4と6の公倍数をかきましょう。

答え _____

④ 公倍数の中で、もっとも小さい数を **最小公倍数** といいます。4と6の最小公倍数をかきましょう。

答え _____

4 次の数の最小公倍数をかきましょう。

① 2と3

答え _____

② 2と4

答え _____

8 倍数と約数 ③

最小公倍数の見つけ方（1）

　大きい方の数の倍数を、小さい方の数でわり、最初にわり切れる整数です。

（2，3）型……2つの数をかける

3の倍数	3	⑥	9	12	…
2でわる	×	○	×	○	

（2，4）型……一方が他方の倍数

4の倍数	④	8	12	16	…
2でわる	○	○	○	○	

（4，6）型……かけ算とわり算で求める

6の倍数	6	⑫	18	24	…
4でわる	×	○	×	○	

1 （　　）の中の数の公倍数を小さい方から順に3つ かきましょう。

① （3，4）＿＿＿＿＿　＿＿＿＿＿　＿＿＿＿＿

② （4，8）＿＿＿＿＿　＿＿＿＿＿　＿＿＿＿＿

③ （4，10）＿＿＿＿＿　＿＿＿＿＿　＿＿＿＿＿

2 （　　）の中の数の最小公倍数をかきましょう。

① （4，5）＿＿＿＿＿　② （7，4）＿＿＿＿＿

③ （5，10）＿＿＿＿＿　④ （12，4）＿＿＿＿＿

⑤ （6，9）＿＿＿＿＿　⑥ （15，10）＿＿＿＿＿

最小公倍数の見つけ方（2）　「組み立てわり算」

　（4，6）なら下のようにかきます。

$$\overline{)4\quad 6}$$　←⌐ のさかさまですね

　4も6も2でわり切れますから、2とかいて、わります。

わる数→ $2\overline{)4\quad 6}$
　　　　　　 $2\quad 3$　←商

　ななめにかけると（たすきがけ）最小公倍数です。

$2\overline{)4\times 6}$
　$2\quad 3$　$2×6＝12$ または $3×4＝12$

45

8 倍数と約数 ④

1 （　　）の中の数の最小公倍数をかきましょう。

① （8，9）　　　　　② （5，9）

_____　　_____

③ （5，15）　　　　④ （6，18）

_____　　_____

⑤ （5，3）　　　　　⑥ （10，3）

_____　　_____

⑦ （20，5）　　　　⑧ （10，30）

_____　　_____

⑨ （6，36）　　　　⑩ （42，7）

_____　　_____

2 （　　）の中の数の最小公倍数を、「組み立てわり算」を使って求めましょう。

① （6，15）　　　　② （15，9）

⑨ _____　⑨ _____

③ （6，8）　　　　　④ （9，12）

⑨ _____　⑨ _____

⑤ （12，15）　　　　⑥ （10，12）

⑨ _____　⑨ _____

8 倍数と約数 ⑤

学習日　月　日

名前

色を
ぬろう

わから
ない / だいたい
できた / できた!

---

1 12本の花を、同じ数ずつ花びんに分けます。

花びんの数が何個なら、あまりが出ないように分けられますか。花びんの数が少ない順に調べましょう。あまりが出ないものに〇をしましょう。

花びんの数	1	2	3	4	5	6
あまりなし	〇					
花びんの数	7	8	9	10	11	12
あまりなし						

※　12をわり切ることのできる整数を12の **約数** といいます。

2 次の数の約数を〇でかこみましょう。

6	1 2 3 4 5 6
7	1 2 3 4 5 6 7
8	1 2 3 4 5 6 7 8
9	1 2 3 4 5 6 7 8 9
10	1 2 3 4 5 6 7 8 9 10
11	1 2 3 4 5 6 7 8 9 10 11
12	1 2 3 4 5 6 7 8 9 10 11 12
13	1 2 3 4 5 6 7 8 9 10 11 12 13
14	1 2 3 4 5 6 7 8 9 10 11 12 13 14
15	1 2 3 4 5 6 7 8 9 10 11 12 13 14 15

---

3 12の約数と18の約数を〇でかこみましょう。

① 12の約数　1 2 3 4 5 6 7 8 9 10 11 12

② 18の約数　1 2 3 4 5 6 7 8 9 10 11 12 13 14 15 16 17 18

③ 12と18の共通な約数を **公約数** といいます。12と18の公約数をかきましょう。

答え　　　　　,　　　　,　　　　,

4 次の2つの数の公約数をかきましょう。

① 2と3 _____ ② 5と4 _____

③ 4と8 _____ ④ 15と5 _____

⑤ 8と16 _____ ⑥ 8と12 _____

⑦ 16と12 _____ ⑧ 15と20 _____

8 倍数と約数 ⑥

学習日		名前		色を ぬろう	わから ない	だいたい できた	できた！
月　日							

12と18の公約数は、1，2，3，6です。公約数の中で
もっとも大きい数を **最大公約数** といいます。
　12と18の最大公約数は6です。

| 12の約数 → | 1 | 2 | 3 | 4 | 6 | 12 |
| 18の約数 → | 1 | 2 | 3 | 6 | 9 | 18 |

最大公約数の見つけ方　「組み立てわり算」

どちらも2でわれる → 2)12　18　　6)12　18
どちらも3でわれる → 3)6　9　　　　2　3
　　　　　　　　　　　2　3

はじめから6で
わることができる

2×3＝6 → 最大公約数

1 最大公約数を求めましょう。

① 2)10　18
　　　5　9

　　　　2

②)12　15

③)14　21

④ 2)12　20
　2)6　10
　　3　5
　2×2＝4

　　　4

2 （　　）の中の数の最大公約数をかきましょう。

① （4，12）

② （5，15）

③ （14，21）

④ （15，20）

⑤ （16，20）

⑥ （12，30）

⑦ （18，45）

⑧ （16，40）

8 倍数と約数 ⑦

1　長さ120mの直線上に、8mおきに赤旗を、6mおきに青旗を立てます。
　はじめに赤旗と青旗が重なるのは何mのところですか。

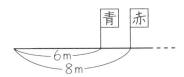

青　赤

6m
8m

答え _____

2　たてが15cm，横が20cmのタイルを、すきまなくしきつめ、できるだけ小さい正方形を作ります。

①　正方形の1辺は何cmですか。

20cm
15cm

答え _____

②　タイルは何まいいりますか。

答え _____

3　みんみんぜみ8ひきとあぶらぜみ20ぴきを、それぞれ同じ数ずつ虫かごに入れます。どちらもあまりなく分けられる最大の虫かごの数は何個ですか。また、それぞれのせみは何びきずつですか。

かご　　　　　　　　個

みんみんぜみ　　　　ひき

あぶらぜみ　　　　　ひき

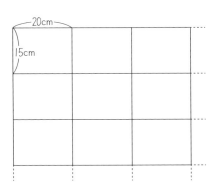

4　たて27cm、横36cmの長方形の中に、すきまなくしきつめられる最大の正方形の1辺の長さは何cmですか。また、その正方形が何まいでしきつめられますか。

1辺の長さ _____

まい数 _____

9 分数・小数・整数 ①

1 □にあてはまる数を分数でかきましょう。

① 2Lの水を3等分する。

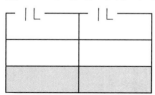

$$2 \div 3 = \boxed{}$$

② 3mのテープを4等分する。

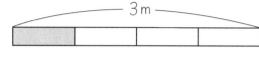

$$3 \div 4 = \boxed{}$$

わり算の商は、わられる数⑦を分子、わる数①を分母とする分数で表すことができます。

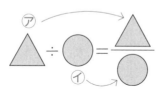

2 □にあてはまる数をかきましょう。

① $\dfrac{5}{8} = 5 \div \boxed{}$

② $\dfrac{7}{10} = \boxed{} \div 10$

3 わり算の商を分数で表しましょう。

① $3 \div 7 = \boxed{\dfrac{3}{7}}$

② $5 \div 9 = \boxed{}$

③ $9 \div 7 = \boxed{}$

④ $8 \div 3 = \boxed{}$

⑤ $7 \div 9 = \boxed{}$

⑥ $3 \div 8 = \boxed{}$

⑦ $9 \div 5 = \boxed{}$

⑧ $7 \div 3 = \boxed{}$

⑨ $11 \div 8 = \boxed{}$

⑩ $12 \div 7 = \boxed{}$

4 2mのリボンを5人で等分しました。1人分は何mになりますか。分数で答えましょう。

式

答え _____

学習日 月 日
名前

色を
ぬろう
わからない　だいたいできた　できた！

1 7mのテープをもとにすると、①～⑤のテープは、7mのテープの何倍ですか。□にあてはまる分数をかきましょう。

7m

① 6m $\dfrac{6}{7}$ 倍

② 11m $\dfrac{}{}$ 倍

③ 3m $\dfrac{}{}$ 倍

④ 15m $\dfrac{}{}$ 倍

⑤ 5m $\dfrac{}{}$ 倍

$\dfrac{6}{7}$倍や$\dfrac{11}{7}$倍のように、何倍かを表すときにも分数を用いることがあります。

2 5mのロープをもとにすると、①～④のロープは、5mのロープの何倍ですか。□にあてはまる分数をかきましょう。

5m

分数

① 3m $\dfrac{3}{5}$ 倍

② 14m $\dfrac{}{}$ 倍

③ 2m $\dfrac{}{}$ 倍

④ 8m $\dfrac{}{}$ 倍

3 親ねこの体重は5kgで、子ねこの体重は2kgです。親ねこの体重は子ねこの体重の何倍ですか。分数で答えましょう。

式

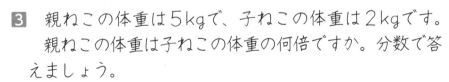

答え _____

9 分数・小数・整数 ③

1　4mのテープを5等分します。

1本の長さは何mですか。□にあてはまる数をかきましょう。

分数で表すと　4÷5=□/□　mです。

小数で表すと　4÷5=0.□　mです。

※ $\frac{4}{5}$ や 0.8 を数直線の上にかくと、次のようになります。

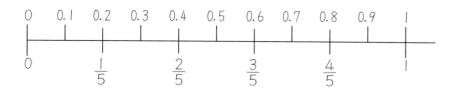

2　下の数直線の□にあてはまる分数をかきましょう。

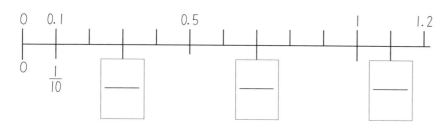

3　下の数直線の□にあてはまる分数をかきましょう。

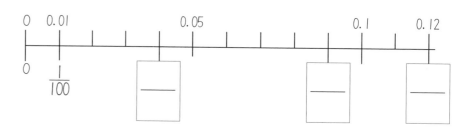

　小数は 10 や 100 などを分母とする分数で表すこともできます。

4　次の数を数直線の上に↑で表しましょう。

　⑦　0.15　　⑦　$\frac{6}{10}$　　⑦　$\frac{3}{4}$

　⑦　1.2　　⑦　$\frac{95}{100}$　　⑦　0.4

9 分数・小数・整数 ④

色を
ぬろう　わから　だいたい　できた!
ない　できた

---

1 次の分数を小数で表します。□にあてはまる数をかきましょう。

① $\dfrac{3}{5} = \boxed{} \div \boxed{} = \boxed{0.}$

② $\dfrac{7}{5} = \boxed{} \div \boxed{} = \boxed{}$

③ $\dfrac{3}{4} = \boxed{} \div \boxed{} = \boxed{}$

2 0.1を分数で表すと$\dfrac{1}{10}$、0.01を分数で表すと$\dfrac{1}{100}$でした。$\dfrac{1}{10}$や$\dfrac{1}{100}$を使うと、かんたんに小数を分数に表すことができます。次の小数を分数で表しましょう。

① $0.7 = \boxed{\dfrac{7}{10}}$　　② $1.2 = \boxed{\dfrac{}{}}$

③ $0.03 = \boxed{\dfrac{}{}}$　　④ $0.41 = \boxed{\dfrac{}{}}$

---

3 整数を分数で表します。□にあてはまる数をかきましょう。

① $3 = 3 \div 1 = \boxed{\dfrac{}{}}$

② $3 = 6 \div 2 = \boxed{\dfrac{}{}}$

③ $4 = \boxed{} \div 3 = \boxed{\dfrac{}{}}$

④ $4 = 8 \div \boxed{} = \boxed{\dfrac{}{}}$

整数は1を分母とする分数や、分子が分母でわりきれる分数で表すことができます。

4 どちらが大きいですか。□に不等号をかきましょう。

① $\dfrac{6}{8} \,\boxed{}\, 0.7$　　② $\dfrac{5}{9} \,\boxed{}\, 0.6$

③ $1.8 \,\boxed{}\, 1\dfrac{5}{6}$　　④ $2\dfrac{3}{4} \,\boxed{}\, 2.7$

学 習 日	名
月　　日	前

色を
ぬろう

わから
ない　だいたい
できた　できた!

図は分数の数直線です。

1 分数の数直線を見て、次の分数と大きさが等しい分数を見つけましょう。

① $\dfrac{1}{2} = \dfrac{\ \ }{\ \ } = \dfrac{\ \ }{\ \ } = \dfrac{\ \ }{\ \ } = \dfrac{\ \ }{\ \ }$

② $\dfrac{1}{4} = \dfrac{\ \ }{\ \ }$

③ $\dfrac{2}{3} = \dfrac{\ \ }{\ \ } = \dfrac{\ \ }{\ \ }$

④ $\dfrac{3}{5} = \dfrac{\ \ }{\ \ }$

分数は、分母と分子に同じ数をかけても、分母と分子を同じ数でわっても、大きさは変わりません。

2 次の分数と同じ大きさの分数を2つかきましょう。

① $\dfrac{3}{4} = \dfrac{\ \ }{\ \ } = \dfrac{\ \ }{\ \ }$

② $\dfrac{2}{5} = \dfrac{\ \ }{\ \ } = \dfrac{\ \ }{\ \ }$

③ $\dfrac{5}{6} = \dfrac{\ \ }{\ \ } = \dfrac{\ \ }{\ \ }$

学習日　月　日

名前

分数の分母と分子を、それらの公約数でわって、分母の小さい分数にすることを、**約分** といいます。

$\dfrac{4}{6}$ は、分母、分子を2でわる。$\dfrac{\overset{2}{\cancel{4}}}{\underset{3}{\cancel{6}}} = \dfrac{2}{3}$

$\dfrac{12}{18}$ は、分母、分子を2でわる。$\dfrac{\overset{6}{\cancel{12}}}{\underset{9}{\cancel{18}}}$

さらに3でわる。$\dfrac{\overset{2}{\cancel{12}}}{\underset{3}{\cancel{18}}} = \dfrac{2}{3}$

$\dfrac{12}{18}$ は、分母、分子を6でわる。$\dfrac{\overset{2}{\cancel{12}}}{\underset{3}{\cancel{18}}} = \dfrac{2}{3}$

1 約分しましょう。□に数をかきましょう。

① $\dfrac{6}{10} = \dfrac{\boxed{}}{5}$　② $\dfrac{6}{9} = \dfrac{\boxed{}}{3}$

③ $\dfrac{6}{14} = \dfrac{3}{\boxed{}}$　④ $\dfrac{9}{12} = \dfrac{3}{\boxed{}}$

⑤ $\dfrac{14}{21} = \dfrac{\boxed{}}{3}$　⑥ $\dfrac{8}{12} = \dfrac{\boxed{}}{3}$

2 約分しましょう。

① $\dfrac{4}{10} = \boxed{}$　② $\dfrac{6}{15} = \boxed{}$

③ $\dfrac{21}{28} = \boxed{}$　④ $\dfrac{15}{25} = \boxed{}$

⑤ $\dfrac{12}{20} = \boxed{}$　⑥ $\dfrac{12}{30} = \boxed{}$

⑦ $\dfrac{12}{18} = \boxed{}$　⑧ $\dfrac{18}{24} = \boxed{}$

⑨ $\dfrac{18}{45} = \boxed{}$　⑩ $\dfrac{18}{30} = \boxed{}$

⑪ $\dfrac{36}{63} = \boxed{}$　⑫ $\dfrac{28}{49} = \boxed{}$

分母のことなる分数を、大きさを変えないで共通な分母の分数に直すことを **通分** といいます。

通分するときは、分母がもっとも小さくなるようにするため、最小公倍数を分母にします。

〈2つの数をかける型〉（2、3型）…2つの分母の数をかける。

$\dfrac{3}{4}$ と $\dfrac{2}{5}$　分母4と5の最小公倍数は20

$\dfrac{3}{4}\times\dfrac{2}{5} \longrightarrow \dfrac{3\times5}{4\times5},\ \dfrac{2\times4}{5\times4} \longrightarrow \dfrac{15}{20},\dfrac{8}{20}$

1 通分しましょう。

① $\dfrac{1}{2},\dfrac{3}{7} \longrightarrow \dfrac{\ \ }{\ \ },\dfrac{\ \ }{\ \ }$

② $\dfrac{4}{5},\dfrac{7}{9} \longrightarrow$

③ $\dfrac{7}{9},\dfrac{5}{7} \longrightarrow$

2 通分しましょう。

① $\dfrac{1}{3},\dfrac{1}{5} \longrightarrow$

② $\dfrac{1}{9},\dfrac{1}{5} \longrightarrow$

③ $\dfrac{2}{5},\dfrac{1}{3} \longrightarrow$

④ $\dfrac{1}{3},\dfrac{4}{7} \longrightarrow$

⑤ $\dfrac{5}{8},\dfrac{3}{5} \longrightarrow$

⑥ $\dfrac{3}{4},\dfrac{2}{3} \longrightarrow$

⑦ $\dfrac{2}{9},\dfrac{3}{4} \longrightarrow$

⑧ $\dfrac{2}{3},\dfrac{7}{10} \longrightarrow$

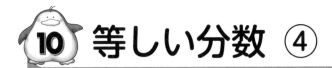

〈一方の数にあわせる型〉（2、4型）…大きい方の分母にあわせる。

$\dfrac{3}{4}$ と $\dfrac{5}{8}$　分母4と8の最小公倍数は8

$\dfrac{3}{4}, \dfrac{5}{8} \longrightarrow \dfrac{3 \times 2}{4 \times 2}, \dfrac{5}{8} \longrightarrow \dfrac{6}{8}, \dfrac{5}{8}$

1 通分しましょう。

① $\dfrac{1}{2}, \dfrac{5}{6} \longrightarrow$ ———, ———

② $\dfrac{5}{6}, \dfrac{7}{12} \longrightarrow$

③ $\dfrac{3}{4}, \dfrac{7}{12} \longrightarrow$

④ $\dfrac{4}{5}, \dfrac{3}{10} \longrightarrow$

⑤ $\dfrac{2}{3}, \dfrac{1}{6} \longrightarrow$

2 通分しましょう。

① $\dfrac{1}{2}, \dfrac{1}{8} \longrightarrow$

② $\dfrac{1}{2}, \dfrac{1}{4} \longrightarrow$

③ $\dfrac{1}{18}, \dfrac{2}{9} \longrightarrow$

④ $\dfrac{3}{5}, \dfrac{8}{15} \longrightarrow$

⑤ $\dfrac{5}{12}, \dfrac{2}{3} \longrightarrow$

⑥ $\dfrac{5}{12}, \dfrac{1}{4} \longrightarrow$

⑦ $\dfrac{4}{9}, \dfrac{2}{3} \longrightarrow$

⑧ $\dfrac{7}{12}, \dfrac{1}{3} \longrightarrow$

学 習 日	名
月　　日	前

〈その他の型〉 （4、6型）…分母どうしをかけないし大
きい方の分母にもあわせな
い型。

$\dfrac{3}{4}$ と $\dfrac{5}{6}$　分母4と6の最小公倍数は12

$\dfrac{3}{4}$, $\dfrac{5}{6}$ → $\dfrac{3\times3}{4\times3}$, $\dfrac{5\times2}{6\times2}$ → $\dfrac{9}{12}$, $\dfrac{10}{12}$

2)4　6
　2　3　分母は4×3 , 6×2の12

1　通分しましょう。

① $\dfrac{5}{6}$, $\dfrac{1}{8}$ → $\dfrac{\quad}{\quad}$, $\dfrac{\quad}{\quad}$

② $\dfrac{7}{12}$, $\dfrac{1}{8}$ →

③ $\dfrac{5}{12}$, $\dfrac{7}{18}$ →

2　通分しましょう。

① $\dfrac{1}{9}$, $\dfrac{1}{6}$ →

② $\dfrac{1}{10}$, $\dfrac{1}{15}$ →

③ $\dfrac{1}{8}$, $\dfrac{3}{10}$ →

④ $\dfrac{3}{10}$, $\dfrac{5}{12}$ →

⑤ $\dfrac{1}{12}$, $\dfrac{1}{18}$ →

⑥ $\dfrac{5}{16}$, $\dfrac{7}{12}$ →

⑦ $\dfrac{5}{14}$, $\dfrac{1}{4}$ →

⑧ $\dfrac{9}{20}$, $\dfrac{8}{15}$ →

11 分数のたし算・ひき算 ①

色を
ぬろう

わからない　だいたいできた　できた！

1 牛にゅうが、㋐の容器に $\frac{1}{2}$ L、
㋑の容器に $\frac{1}{3}$ L入っています。
あわせると何Lですか。

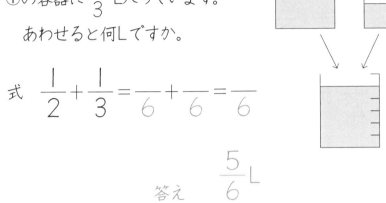

式　$\frac{1}{2} + \frac{1}{3} = \frac{}{6} + \frac{}{6} = \frac{}{6}$

答え　$\frac{5}{6}$ L

3 牛にゅうが、㋐の容器に $\frac{1}{2}$ L、
㋑の容器に $\frac{1}{4}$ L入っています。
あわせると何Lですか。

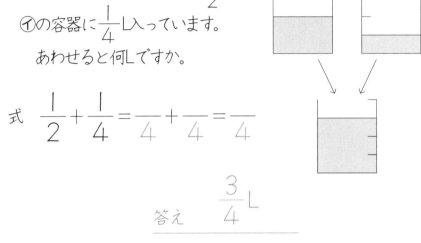

式　$\frac{1}{2} + \frac{1}{4} = \frac{}{4} + \frac{}{4} = \frac{}{4}$

答え　$\frac{3}{4}$ L

2 次の計算をしましょう。（2，3）型

① $\frac{2}{5} + \frac{3}{8} =$

② $\frac{2}{9} + \frac{1}{4} =$

③ $\frac{2}{3} + \frac{1}{7} =$

④ $\frac{1}{3} + \frac{3}{8} =$

4 次の計算をしましょう。（2，4）型

① $\frac{2}{9} + \frac{4}{27} =$

② $\frac{8}{15} + \frac{1}{3} =$

③ $\frac{5}{8} + \frac{1}{4} =$

④ $\frac{9}{20} + \frac{1}{5} =$

11 分数のたし算・ひき算 ②

1 $\frac{1}{4}$ kgのすなと $\frac{1}{6}$ kgのすなを
あわせると何kgですか。

式　$\frac{1}{4} + \frac{1}{6} = \frac{}{12} + \frac{}{12} = \frac{}{12}$

答え　$\frac{5}{12}$kg

2 次の計算をしましょう。(4，6) 型

① $\frac{3}{4} + \frac{3}{14} =$

② $\frac{1}{6} + \frac{3}{8} =$

③ $\frac{5}{6} + \frac{2}{15} =$

④ $\frac{3}{14} + \frac{1}{4} =$

3 次の計算をしましょう。

① $\frac{1}{6} + \frac{2}{9} =$

② $\frac{3}{4} + \frac{1}{10} =$

③ $\frac{1}{12} + \frac{7}{9} =$

④ $\frac{1}{6} + \frac{8}{21} =$

⑤ $\frac{1}{15} + \frac{3}{10} =$

⑥ $\frac{3}{10} + \frac{1}{4} =$

⑦ $\frac{1}{8} + \frac{5}{12} =$

⑧ $\frac{3}{8} + \frac{1}{6} =$

［例］　$\dfrac{3}{10} + \dfrac{1}{6} = \dfrac{9}{30} + \dfrac{5}{30}$

$= \dfrac{\overset{7}{\cancel{14}}}{\underset{15}{\cancel{30}}} = \dfrac{7}{15}$　（約分あり）

1　次の計算をしましょう。約分できるものは約分しましょう。

① $\dfrac{13}{30} + \dfrac{3}{20} =$

② $\dfrac{1}{10} + \dfrac{11}{15} =$

③ $\dfrac{3}{14} + \dfrac{1}{6} =$

2　次の計算をしましょう。答えは約分しましょう。

① $\dfrac{1}{15} + \dfrac{1}{10} =$

② $\dfrac{3}{10} + \dfrac{1}{6} =$

③ $\dfrac{2}{9} + \dfrac{5}{18} =$

④ $\dfrac{2}{15} + \dfrac{5}{12} =$

⑤ $\dfrac{1}{4} + \dfrac{5}{12} =$

11 分数のたし算・ひき算 ④

学習日　月　日

名前

色を
ぬろう

わからない　だいたいできた　できた！

1 サラダオイルが $\frac{1}{2}$ L あります。$\frac{1}{3}$ L を使いました。残りは何Lですか。

式　$\frac{1}{2} - \frac{1}{3} = \frac{}{6} - \frac{}{6} = \frac{}{6}$

答え　$\frac{1}{6}$ L

2 次の計算をしましょう。（2，3）型

① $\frac{2}{5} - \frac{3}{8} =$

② $\frac{3}{5} - \frac{4}{7} =$

③ $\frac{5}{9} - \frac{2}{5} =$

④ $\frac{5}{7} - \frac{2}{9} =$

3 $\frac{5}{8}$ km² の農場があります。$\frac{1}{4}$ km² は牧草地で、あとは畑です。畑は何km²ありますか。

式　$\frac{5}{8} - \frac{1}{4} = \frac{}{8} - \frac{}{8} = \frac{}{8}$

答え　$\frac{3}{8}$ km²

4 次の計算をしましょう。（2，4）型

① $\frac{4}{9} - \frac{1}{3} =$

② $\frac{11}{15} - \frac{2}{3} =$

③ $\frac{4}{5} - \frac{9}{20} =$

④ $\frac{4}{7} - \frac{3}{28} =$

11 分数のたし算・ひき算 ⑤

1 $\frac{5}{6}$Lの牛にゅうがあります。$\frac{1}{4}$L飲むと残り
は何Lですか。

式　$\frac{5}{6} - \frac{1}{4} = \frac{}{12} - \frac{}{12} = \frac{}{12}$

答え　$\frac{7}{12}$L

2 次の計算をしましょう。(4, 6)型

① $\frac{9}{10} - \frac{8}{15} =$

② $\frac{5}{6} - \frac{1}{15} =$

③ $\frac{9}{10} - \frac{7}{15} =$

④ $\frac{1}{4} - \frac{1}{10} =$

3 次の計算をしましょう。

① $\frac{1}{4} - \frac{1}{6} =$

② $\frac{3}{8} - \frac{3}{10} =$

③ $\frac{5}{12} - \frac{1}{8} =$

④ $\frac{2}{9} - \frac{1}{6} =$

⑤ $\frac{1}{9} - \frac{1}{15} =$

⑥ $\frac{3}{10} - \frac{1}{4} =$

⑦ $\frac{10}{21} - \frac{3}{14} =$

⑧ $\frac{17}{18} - \frac{5}{12} =$

［例］　$\dfrac{3}{10} - \dfrac{1}{6} = \dfrac{9}{30} - \dfrac{5}{30}$

$= \dfrac{\cancel{4}^{2}}{\cancel{30}_{15}} = \dfrac{2}{15}$　（約分あり）

1　次の計算をしましょう。約分できるものは約分しましょう。

①　$\dfrac{9}{14} - \dfrac{1}{6} =$

②　$\dfrac{13}{18} - \dfrac{1}{2} =$

③　$\dfrac{14}{15} - \dfrac{1}{10} =$

2　次の計算をしましょう。答えは約分しましょう。

①　$\dfrac{2}{3} - \dfrac{7}{15} =$

②　$\dfrac{13}{15} - \dfrac{1}{6} =$

③　$\dfrac{9}{14} - \dfrac{1}{2} =$

④　$\dfrac{5}{6} - \dfrac{3}{10} =$

⑤　$\dfrac{8}{15} - \dfrac{1}{12} =$

1 次の計算をしましょう。約分できるものは約分しましょう。

① $2\dfrac{1}{6} + \dfrac{1}{4} = 2\dfrac{2}{12} + \dfrac{3}{12}$

$=$

② $\dfrac{2}{9} + 2\dfrac{1}{4} =$

③ $2\dfrac{2}{5} + 1\dfrac{1}{15} =$

④ $2\dfrac{4}{15} + 1\dfrac{3}{20} =$

⑤ $1\dfrac{1}{2} + 2\dfrac{1}{6} =$

2 次の計算をしましょう。約分できるものは約分しましょう。

① $2\dfrac{1}{2} + 1\dfrac{5}{6} = 2\dfrac{3}{6} + 1\dfrac{5}{6}$

$=$

② $2\dfrac{7}{12} + 1\dfrac{9}{20} =$

③ $1\dfrac{5}{6} + 3\dfrac{1}{2} =$

④ $2\dfrac{1}{2} + 1\dfrac{2}{3} =$

⑤ $1\dfrac{5}{7} + 2\dfrac{1}{3} =$

1 次の計算をしましょう。約分できるものは約分しましょう。

① $1\dfrac{2}{3} - \dfrac{4}{9} =$

② $3\dfrac{2}{3} - \dfrac{1}{2} =$

③ $2\dfrac{3}{5} - 1\dfrac{1}{4} =$

④ $2\dfrac{1}{3} - 1\dfrac{1}{18} =$

⑤ $3\dfrac{5}{12} - 1\dfrac{1}{6} =$

2 次の計算をしましょう。約分できるものは約分しましょう。

① $3\dfrac{1}{4} - \dfrac{1}{2} =$

② $5\dfrac{1}{4} - \dfrac{5}{6} =$

③ $3\dfrac{1}{6} - \dfrac{5}{8} =$

④ $3\dfrac{1}{5} - 1\dfrac{3}{4} =$

⑤ $4\dfrac{1}{6} - 1\dfrac{8}{21} =$

学習日　月　日

名前

1　兄は午前中に $\frac{1}{6}$ 時間、午後に $\frac{2}{9}$ 時間ジョギングを
しました。

①　あわせて何時間ジョギングをしましたか。

式

答え

②　午後の方が何時間長くジョギングをしましたか。

式

答え

2　姉は午前中に $\frac{3}{4}$ 時間、午後に $\frac{5}{6}$ 時間プールで泳ぎ
ました。

①　あわせて何時間泳ぎましたか。

式

答え

②　午後の方が何時間長く泳ぎましたか。

式

答え

3　たまねぎが $\frac{5}{9}$ kg、じゃがいもが $\frac{5}{6}$ kgあります。

①　あわせて何kgありますか。

式

答え

②　たまねぎよりじゃがいもは何kg多いですか。

式

答え

4　なすが $\frac{5}{6}$ kg、ピーマンが $\frac{2}{9}$ kgあります。

①　あわせて何kgありますか。

式

答え

②　なすよりピーマンは何kg少ないですか。

式

答え

11 分数のたし算・ひき算 ⑩ まとめ

学習日　月　日　名前

合格 80〜100点　点

1 次の分数を約分しましょう。 （各5点）

① $\dfrac{6}{9} =$ 　　② $\dfrac{18}{24} =$

③ $\dfrac{24}{36} =$ 　　④ $\dfrac{49}{63} =$

2 次の数を通分しましょう。 （各5点）

① $\dfrac{2}{7}, \dfrac{3}{5}$ ⟶

② $\dfrac{3}{4}, \dfrac{5}{12}$ ⟶

③ $\dfrac{5}{8}, \dfrac{1}{6}$ ⟶

④ $\dfrac{5}{12}, \dfrac{2}{9}$ ⟶

⑤ $\dfrac{9}{10}, \dfrac{14}{15}$ ⟶

3 次の計算をしましょう。 （各10点）

① $\dfrac{7}{12} + 4\dfrac{5}{8} =$

② $1\dfrac{4}{5} + \dfrac{7}{15} =$

③ $3\dfrac{3}{8} - \dfrac{7}{12} =$

④ $1\dfrac{1}{2} - \dfrac{5}{8} =$

4 Aの箱は$\dfrac{3}{8}$kgでBの箱はAの箱より$\dfrac{1}{12}$kg軽いそうです。Bの箱の重さは何kgですか。 （式10点、答え5点）

式

答え

12 平 均 ①

学習日	名
月 日	前

色を
ぬろう　わから　だいたい　できた！
ない　できた

いろいろな大きさの数量を、等しい大きさになるように
ならしたものを **平均** といいます。

それぞれの量の水を　　　　　　　等しい大きさになるようにならします。

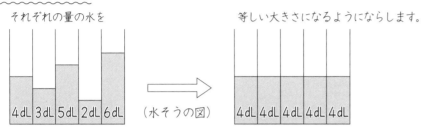

4dL 3dL 5dL 2dL 6dL　（水そうの図）　4dL 4dL 4dL 4dL 4dL

平均を求める手順は　① それぞれの数量を合計します。（全体）
　　　　　　　　　　　4＋3＋5＋2＋6＝20（dL）
　　　　　　　　　② 全体の量を5つに等しく分けます。
　　　　　　　　　　20÷5＝4（dL）

1 テストの平均点を水そう図で求めましょう。
　北野さんの理科テストは、次の水そう図のとおりです。

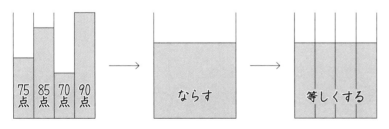

75点 85点 70点 90点 → ならす → 等しくする

① 理科テストの合計点は何点ですか。

式

　　　　　　答え

② 理科テストの平均点は何点ですか。

式

　　　　　　答え

2 水そう図を見て、㋐全体の量を求め、㋑平均を求めましょう。

式

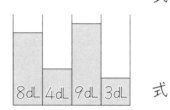

8dL 4dL 9dL 3dL

㋐

式

㋑

3 竹田さんの野球チームは、5回の試合で次の表のように得点しました。1試合の平均得点は何点ですか。

	1回	2回	3回	4回	5回
得点	4	0	3	6	7

式

　　　　　　答え

4 さくらさんの算数テスト4回の平均点は95点でした。合計点は何点だったでしょう。

式

　　　　　　答え

69

学　習　日　　月　日

名前

1　松原さんは走りはばとびを4回とびました。
　結果は、2.6mが2回、2.9mと3.1mが1回ずつでした。
　平均すると何mですか。

式

答え ＿＿＿＿＿＿＿＿

2　岸本さんは算数テストを4回受け、平均が86点でした。
　5回目に96点をとると、平均点は何点になりますか。

	1、2、3、4				5
点	86	86	86	86	96

式

答え ＿＿＿＿＿＿＿＿

3　北小学校の3年は5学級あります。各学級の平均人数は
　33人です。1組は何人ですか。

組	1	2	3	4	5	平均
人数(人)		32	31	33	35	33

式

答え ＿＿＿＿＿＿＿＿

4　大原さんは漢字テストを4回受けました。5回の平均
　点を96点にするには、5回目に何点とればいいですか。

回	1	2	3	4	5	平均
点数	92	93	100	95		96

式

答え ＿＿＿＿＿＿＿＿

5　うさぎの赤ちゃん4わの体重は平均197gでした。
　Bのうさぎの体重は何gですか。

うさぎ	A	B	C	D	平均
体重(g)	200		196	202	197

式

答え ＿＿＿＿＿＿＿＿

6　林さんの家の4月から9月までの水道使用量の平均は
　29m³です。6月の使用量は何m³ですか。

月	4	5	6	7	8	9	平均
使用量(m³)	28	29		32	28	27	29

式

答え ＿＿＿＿＿＿＿＿

13 単位量あたりの大きさ ①

1　3つのグループが大きさの
ちがう部屋に分かれて入りま
した。どの部屋がこんでいる
かを考えましょう。

部屋	たたみの数	部屋の人数
あ	8	12
い	8	10
う	10	12

① たたみの数が同じあといの部屋では、どちらがこん
でいますか。

答え _____

② 部屋の人数が同じあとうの部屋では、どちらがこん
でいますか。

答え _____

③ いとうの部屋では、どちらがこんでいるのか、たた
み1まいあたりの人数を求めて比べましょう。

〔いの部屋〕 □ ÷ □ = □
　　　　　　人数　たたみの数

〔うの部屋〕 □ ÷ □ = □

答え　　　　がこんでいる

2　5つの花だんに球根を植えました。どの花だんがこん
でいるかを調べましょう。

あ　花だんの広さ 10m²　球根の数 40個
い　花だんの広さ 12m²　球根の数 60個
う　花だんの広さ 15m²　球根の数 90個
え　花だんの広さ 12m²　球根の数 54個
お　花だんの広さ 15m²　球根の数 78個

花だん1m²あたりの球根の数を調べて、あ〜おの
花だんを、こんでいる順にならべましょう。

あ　□ ÷ □ = □

い　□ ÷ □ = □

う　□ ÷ □ = □

え　□ ÷ □ = □

お　□ ÷ □ = □

答え（　　→　　→　　→　　→　　）

13 単位量あたりの大きさ ②

人口密度は、1km²あたりの人口のことをいいます。

人口密度＝人口÷面積
（人）　（km²）

1 人口75000人、面積が20km²の都市があります。
人口密度を求めましょう。

式

答え

2 次の人口密度を求めましょう。

	人口（人）	面積（km²）
A町	24100	50
B町	20800	40

① A町の人口密度を求めましょう。

式

答え

② B町の人口密度を求めましょう。

式

答え

3 北町、南町、東町のそれぞれの人口密度を求め、上から2けたのがい数で表しましょう。

	人口（人）	面積（km²）
北町	1658	12
南町	11841	22
東町	8110	43

式

北町　　　　南町　　　　東町

4 各国の人口と面積を表した表を見て、人口密度を求め、最もこみあっている国を答えましょう。（小数第1位を四捨五入して、整数で表しましょう。）

	人口（万人）	面積（万km²）
中　国	138600	959.8
アメリカ	32000	962.9
ロシア	14300	1709.8
日　本	12700	37.8

式

答え

72

1　3㎡の学習園に、216gの肥料をまきました。
1㎡あたり何gの肥料をまいたことになりますか。

式

答え

2　9㎡の学習園から、63.9kgのイモがとれました。
1㎡あたり何kgのイモがとれたことになりますか。

式

答え

3　学習園1㎡あたり80gの肥料をまきます。学習園全体にまくには、肥料は4kg必要です。学習園の広さを求めましょう。

式

答え

4　4mで900円のリボン1mのねだんはいくらですか。

式

答え

5　0.8mで160円のリボン1mのねだんはいくらですか。

式

答え

6　2mで500円のリボンAと、3mで780円のリボンBがあります。1mあたりのねだんで比べると、どちらが高いですか。

リボンA　式

リボンB　式

答え

比べる量÷いくつ分＝基準の量

基準の量 ?	比べる量 390kg
1a	いくつ分6a

6a（アール）の田んぼから390kgの米がとれました。

1aあたり何kgの米がとれるか調べます。

比べる量が 390kg、
いくつ分が 6aなので

$$390 \div 6 = 65$$

基準の量は、1aあたり65kgになります。

1　長さ4mで、重さ140gのはり金があります。
　1mあたりの重さは何gですか。

? g	140g
1m	4m

式　$140 \div 4 =$

答え

2　3.5mのねだんが4900円のカーテンがあります。
　このカーテン1mあたりのねだんは何円ですか。

?	
1	

（左の図に数をかきましょう。単位
や名数は省きます。）

式

答え

3　15mで1200円のひもがあります。
　1mあたりのねだんは何円ですか。

?	
1	

式

答え

4　広さ25km²の農村の人口は2000人です。
　1km²あたりの人口密度は何人ですか。

?	
1	

式

答え

13 単位量あたりの大きさ ⑤

色を　わからない　だいたいできた　できた！
ぬろう

基準の量×いくつ分＝比べる量

基準の量 125kg	比べる量 ?
1a	6a

　1aあたり125kgのみかんがとれる畑があります。

　6aからは何kgのみかんがとれるか調べます。

　基準の量が1aあたり125kgで、いくつ分が6aなので

$$125 \times 6 = 750$$

比べる量は 750kg になります。

1　1m²あたり4.5dLのペンキを使って、かべをぬります。
　3m²のかべをぬるには、何dLのペンキが必要ですか。

4.5dL	? dL
1m²	3m²

式　4.5×3＝

答え＿＿＿＿＿＿＿＿

2　色紙を1人あたり14まい配ります。
　35人に配るには、色紙は何まい必要ですか。

	?
1	

（左の図に数をかきましょう。単位や名数は省きます。）

式

答え＿＿＿＿＿＿＿＿

3　1人あたり360円の入園料を集めます。
　34人分集めると合計何円になりますか。

	?
1	

式

答え＿＿＿＿＿＿＿＿

4　1aあたり120kgのみかんがとれる畑があります。
　8.6aの畑からは何kgのみかんがとれますか。

	?
1	

式

答え＿＿＿＿＿＿＿＿

比べる量÷基準の量＝いくつ分

基準の量 14kg	比べる量 84kg
1a	いくつ分 ？

　1aあたり14kgの豆がとれる畑があります。

　84kgの豆をとるには、何aの畑が必要か調べます。

　比べる量が84kgで、基準になる量が1aあたり14kgなので

$$84 \div 14 = 6$$

いくつ分は 6a になります。

2　1mあたりの重さが6gのはり金が480gあります。このはり金の長さは何mですか。

1	？

（左の図に数をかきましょう。単位や名数は省きます。）

式

答え _____

3　1cm²の重さが0.8gのアルミニウムの板があります。このアルミニウムの板40gは何cm²ですか。

1	？

式

答え _____

1　ペンキが12dLあります。

　1m²あたり4dLのペンキをぬると、何m²ぬれますか。

4dL	12dL
1m²	？m²

式 $12 \div 4 =$

答え _____

4　1まいが8円の千代紙を売っています。

　600円では、この千代紙は何まい買えますか。

1	？

式

答え _____

1　6両に780人乗っている電車と8両に960人乗っている電車があります。どちらがこんでいるといえますか。

(式10点、答え5点)

式

答え

2　面積が7km²で、52500人の人が住んでいる町があります。この町の人口密度（じんこうみつど）を求めましょう。

(表2点、式10点、答え5点)

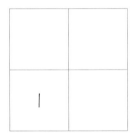

式

答え

3　0.4mが160円のリボン1mのねだんは何円ですか。

(表2点、式10点、答え5点)

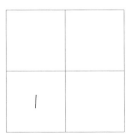

式

答え

4　8aの田んぼから560kgの米がとれました。1aあたり何kgの米がとれましたか。

(表2点、式10点、答え5点)

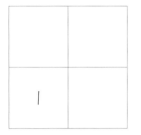

式

答え

5　1人あたりの面積が6.5m²の広さになる運動場があります。児童数は720人です。運動場の広さは何m²ですか。

(表2点、式10点、答え5点)

式

答え

6　1Lあたり240円の牛にゅうがあります。1200円では何L買えますか。　(表2点、式10点、答え5点)

式

答え

学習日　月　日　名前

色をぬろう　わからない　だいたいできた　できた！

速さ？	道のり
1	時間

単位時間あたりに進む道のりを **速さ** といいます。

道のり÷時間＝速さ

1 犬は72mを4秒で走りました。
犬の秒速（1秒あたりの速さ）は何mですか。

?m	72m
1秒	4秒

式　72÷4＝

答え＿＿＿＿＿＿＿

2 馬は72mを6秒で走りました。馬の秒速は何mですか。

?	
1	

（左の図に数をかきましょう。
単位や名数は省きます。）

式

答え＿＿＿＿＿＿＿

3 春山さんは50秒で300m、夏木さんは80秒で500m走ります。それぞれの秒速は何mですか。

?	
1	

（春山さん）

式

春山＿＿＿＿＿＿＿

?	
1	

（夏木さん）

式

夏木＿＿＿＿＿＿＿

4 さけは、海から川をさかのぼるとき、30分で22.5km泳ぎます。このときのさけは1分間に何mの速さでさかのぼりますか。

?	
1	

式

答え＿＿＿＿＿＿＿

学 習 日　月　日
名前
色をぬろう　わからない　だいたいできた　できた!

速さ×時間＝道のり

速さ	道のり
1	時間

1 時速45kmの観光バスは、3時間で何km進みますか。

45km	?km
1時間	3時間

式　45×3＝

答え _____

2 分速1.8kmで飛ぶことができるハトが1時間（60分）飛ぶと、何kmになりますか。

	?
1	

（左の図に数をかきましょう。単位や名数は省きます。）

式

答え _____

3 チーターは秒速32mで走ります。7秒走ると、何m進みますか。

	?
1	

式

答え _____

4 馬は秒速12mで走ります。4分間走ると、何m進みますか。

	?
1	

・60×4＝240（秒）

式

答え _____

5 分速0.3kmの自転車が40分間走ると、何km進みますか。

	?
1	

式

答え _____

速さ	道のり
1	時間？

道のり÷速さ＝時間

1 空気中の音の速さは、秒速340mです。今、1360m先の海上で花火が打ち上げられました。音が聞こえるのは何秒後ですか。

340m	1360m
1秒	？秒

式　1360÷340＝

答え _____

2 新神戸から東京まで約588kmあります。
時速210kmののぞみ号は、何時間かかりますか。

（左の図に数をかきましょう。
単位や名数は省きます。）

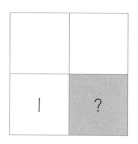

1	？

式

答え _____

3 高速道路の東ロインターから西野インターまでは、280kmです。ここを時速80kmで走ると、何時間かかりますか。

1	？

式

答え _____

4 池を1周する遊歩道の長さは900mです。この遊歩道を分速120mの一輪車で走ると、何分かかりますか。

1	？

式

答え _____

5 秒速7mで走る人は、105m走るのに何秒かかりますか。

1	？

式

答え _____

1　135kmの道のりを走るのに車で3時間かかりました。
　この車の時速は何kmですか。

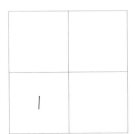

式

答え

2　かたつむりは分速0.8m進むそうです。
　10m進むのに何分かかりますか。

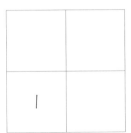

式

答え

3　打ち上げ花火を見て3.5秒後に音が聞こえました。音速
　を秒速340mとすると、花火のところまでは何mですか。

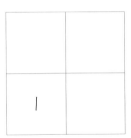

式

答え

4　マラソンは、約42kmのきょりを走ります。
　時速15kmで走ると約何時間かかりますか。

式

答え

5　高速道路を時速75kmで走る自動車は、3.5時間で
　何km進みますか。

式

答え

6　モノレールが20kmを25分で走っています。
　このモノレールの分速は何kmですか。

式

答え

1 次の表にあてはまる速さをかきましょう。

	秒速	分速	時速
バス	10m	m	km
新幹線 しんかんせん	m	4500m	km
ジェット機	m	m	864km

秒速、分速、時速の関係は次のようになっています。

```
          ×60              ×60
秒速  ⟷  分速  ⟷  時速
          ÷60              ÷60
```

2 100mを10秒で走る人の速さと、時速40kmの自動車とでは、どちらが速いですか。

人　（秒速m）　　100÷10=10
　　（分速m）　　10×60=600
　　（時速m）　　600×60=36000

答え＿＿＿＿＿＿＿＿＿＿＿＿

3 時速1440kmのジェット機と、秒速340mで進む音とではどちらが速いですか。

式

答え＿＿＿＿＿＿＿＿＿＿＿＿

4 時速45kmの自動車と時速55kmの自動車が、200kmはなれた道路を向かい合う方向に同時に出発しました。2台の車がすれちがうのは何時間後ですか。

【１時間に（45km＋55km）近づくんだね】

式

答え＿＿＿＿＿＿＿＿＿＿＿＿

5 プリンタAは2分間で50まい、プリンタBは5分間で120まい印刷できます。速く印刷できるのは、どちらのプリンタですか。

式

答え＿＿＿＿＿＿＿＿＿＿＿＿

仕事の速さも単位量あたりで比べることができます。

平行四辺形は、図のように面積を変えずに長方形に直すことができます。

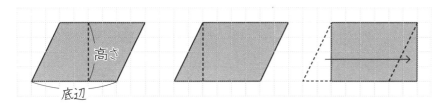

上のマスを1cm方眼と考えると、この平行四辺形の面積は24cm²です。

平行四辺形の面積は、次の公式で求めることができます。

平行四辺形の面積＝底辺×高さ

1 次の平行四辺形の面積を求めましょう。

①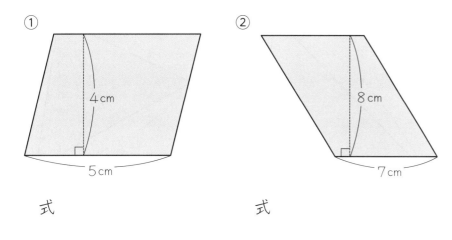

4cm

5cm

式

答え

②

8cm

7cm

式

答え

あのような平行四辺形は、いの平行四辺形に面積を変えずに直すことができます。

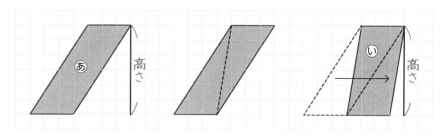

平行四辺形のどの辺を底辺と見るかで、高さは変わります。

2 次の平行四辺形の面積を求めましょう。

①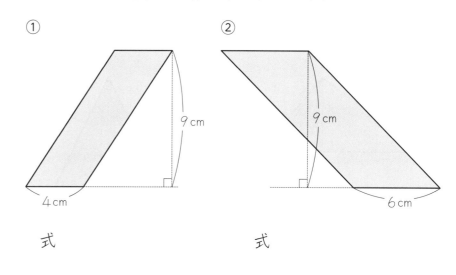

9cm

4cm

式

答え

②

9cm

6cm

式

答え

学習日　月　日

名前

　三角形は、同じ三角形を2つあわせて長方形や平行四辺形にできます。

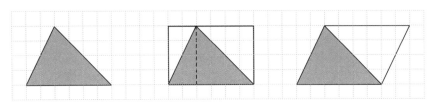

　上のマスを1cm方眼（ほうがん）と考えると、三角形の面積は12cm²です。

　三角形の面積は、次の公式で求めることができます。

三角形の面積＝底辺×高さ÷2

1 次の三角形の面積を求めましょう。

①

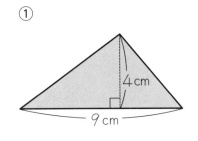

4cm
9cm

式

答え _____

②

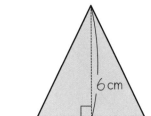

6cm
6cm

式

答え _____

　次の三角形は、形はちがいますが、底辺が同じで高さも同じなので、面積は同じです。

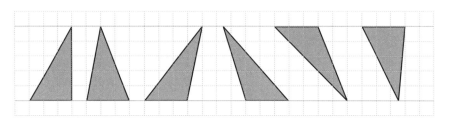

　平行四辺形と同じように、三角形もどの辺を底辺と見るかで、高さは変わります。

2 次の三角形の面積を求めましょう。

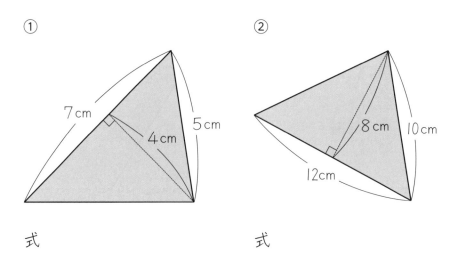

①

7cm
4cm
5cm

式

答え _____

②

8cm
10cm
12cm

式

答え _____

15 図形の面積 ③

学習日　月　日

名前

色を
ぬろう　わからない　だいたいできた　できた!

台形は、図のように面積を変えずに三角形や平行四辺形などに直すことができます。

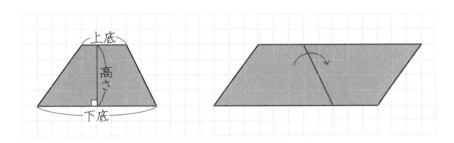

上のマスを1cm方眼と考えると、この台形の面積は22cm²です。

台形の面積は、次の公式で求めることができます。

台形の面積＝(上底＋下底)×高さ÷2

1 次の台形の面積を求めましょう。

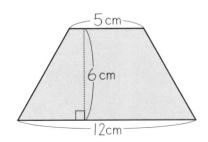

式

答え _____

2 次の図は、すべて台形です。面積を求めましょう。

①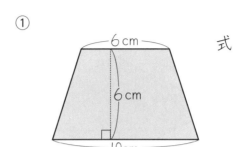

式

答え _____

②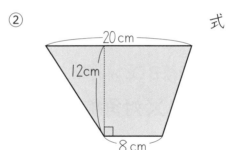

式

答え _____

③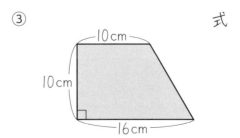

式

答え _____

15 図形の面積 ④

学習日　月　日

名前

色を
ぬろう

わから
ない　だいたい
できた　できた！

---

1 図を見て、ひし形の面積を求めましょう。

① 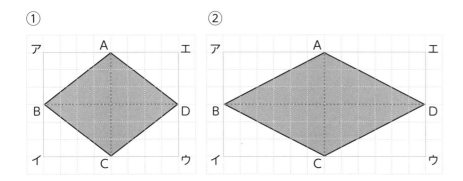 ②

ひし形**ABCD**の面積は、長方形**アイウエ**の面積の $\frac{1}{2}$ です。

長方形のたて**アイ**は、ひし形の対角線**AC**の長さと同じです。

長方形の横**イウ**は、ひし形の対角線**BD**の長さと同じです。

ひし形の面積＝対角線×対角線÷2

ひし形①、②の1マスを1cm²として、それぞれの
ひし形の面積を求めましょう。

① 式

答え _____

② 式

答え _____

---

2 次のひし形の面積を求めましょう。

① 式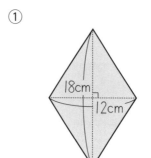

答え _____

② 式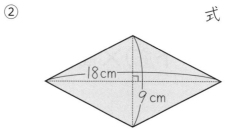

答え _____

③ 式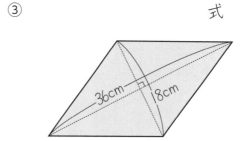

答え _____

1　次の平行四辺形、三角形の底辺を**ア**とすると高さは
どこでしょう。記号に○をつけましょう。　　　（各5点）

①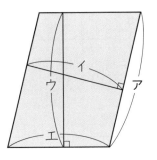

②

③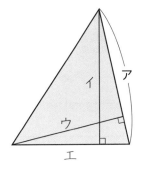

④

2　四角形の面積を求めましょう。　　（式、答え各10点）

式

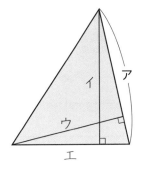
7cm
6cm
8cm
10cm

答え

3　台形の面積を求めましょう。　　（式、答え各10点）

式

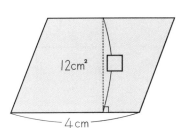
12cm
5cm
4cm

答え

4　次の平行四辺形と三角形の高さを求めましょう。
　　　　　　　　　　　　　　　　　（式、答え各10点）

① 式

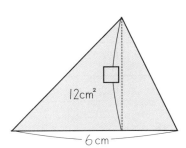
12cm²
4cm

答え

② 式

12cm²
6cm

答え

16 割合とグラフ ①

色を
ぬろう　わからない　だいたいできた　できた！

割合は、もとにする量を1として、比べられる量がいくつ分にあたるかを表した数です。

割合＝比べられる量÷もとにする量

1 AバスとBバスのこみぐあいの割合を小数で求めましょう。

	Aバス	Bバス
乗客数（人）	36	38
定員（人）	45	50

① Aバスのこみぐあい

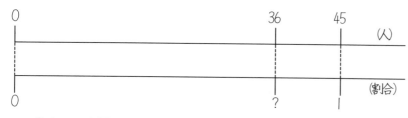

式 36÷45＝　　　　答え

② Bバスのこみぐあい

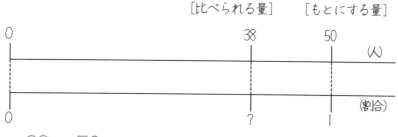

式 38÷50＝　　　　答え

2 クラブの入会希望は、表のとおりです。

2つのクラブの入りやすさの割合（定員の何倍か）を小数で求めましょう。

	サッカー	バスケット
希望者（人）	48	36
定員（人）	30	24

① サッカー

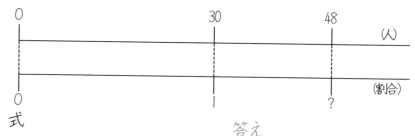

式　　　　答え

② バスケット

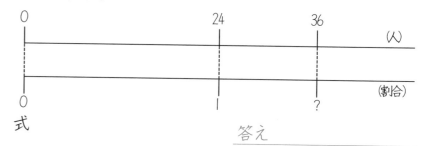

式　　　　答え

3 次の割合を求めましょう。

① 7戦7勝のときの、勝利の割合。

式　　　　答え

② 5本のくじがすべてはずれたときの、あたった割合。

式　　　　答え

16 割合とグラフ ②

1　2500mのジョギングコースの1900m地点を通過しました。
通過地点は全体のどれだけにあたりますか。

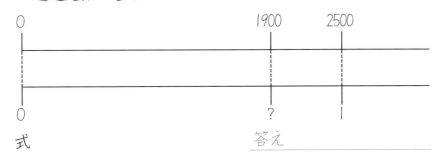

式　　　　　　　　　　　答え

2　姉の体重は36kgで、母は54kgです。
母の体重は姉の体重のどれだけにあたりますか。

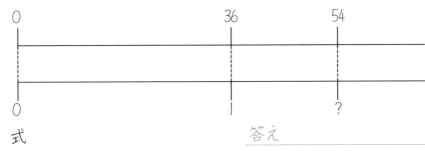

式　　　　　　　　　　　答え

3　大きい池は面積が960m²で、小さい池は624m²あります。
小さい池は、大きい池のどれだけにあたりますか。

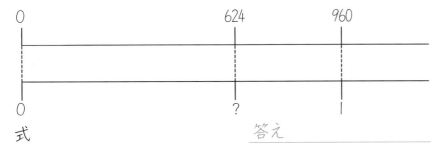

式　　　　　　　　　　　答え

割合を表す小数の0.01を、1パーセント といい、1％
とかきます。

パーセント（％）で表した割合を、百分率 といいます。

百分率は、もとにする数を100として表した
割合です。

小数で表した割合を100倍すれば、百分率に
なります。

割合の表し方に 歩合 があります。　0.325
0.1を1割、0.01を1分、0.001を　　　⇩
1厘といいます。　　　　　　　　　　3割2分5厘

バーゲンセールで1割引きとか、野球
の打率が3割2分5厘とか表したりします。

4　左の 1 2 3 で求めた割合の小数を百分率と歩合で
かきましょう。

百分率　1　　　　　%　2　　　　　%　3　　　　　%

歩　合　1　　　　　　2　　　　　　3

89

16 割合とグラフ ③

1 小型船のかもめ丸とつばめ丸のこみぐあいを調べました。

	かもめ丸	つばめ丸
乗客数（人）	84	72
定　員（人）	80	90

① かもめ丸のこみぐあい（定員に対する乗客数）を4ますで表しましょう。

[もとにする量]　[比べられる量]

0　　　　　　　80　84　（人）

0　　　　　　　1　?　（割合）

もとにする量	比べられる量
80	84
1	?

割合

② かもめ丸の定員に対する乗客数の割合を百分率で表しましょう。

式

答え

2 1のつばめ丸の定員に対する乗客数の割合を百分率で求めましょう。

[比べられる量]　[もとにする量]

0　　　　　　　72　90

（人）

0　　　　　　　?

（割合）

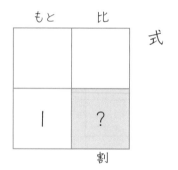

もと	比
1	?

割

式

答え

3 ある県の人口は、1880年は約80万人、2000年は約200万人です。1880年の人口は、2000年の何％ですか。

1	?

式

答え

割合は、比べられる量÷もとにする量　でした。
比べられる量は、どうすれば求められるでしょうか。

比べられる量＝もとにする量×割合

1 定価6000円のシューズを、定価の75%で売っています。
シューズの売りねは何円ですか。

6000	?
1	0.75

式 6000×0.75＝

答え _____

2 180ページの本があります。
1日で 75 % 読みました。読んだのは何ページですか。

	?
1	

式

答え _____

3 山田小学校の面積は6500m²で、60%が運動場です。
運動場の面積は何m²ですか。

	?
1	

式

答え _____

4 山田小学校の生徒は250人で、56%がスポーツクラブ
に入っています。その人数は何人ですか。

	?
1	

式

答え _____

5 定員45人の定期バスに、定員の120%の人が乗ってい
ます。このバスに乗っている人は何人ですか。

	?
1	

式

答え _____

割合は、比べられる量÷もとにする量 でした。
もとにする量は、どうすれば求められるでしょうか。

もとにする量＝比べられる量÷割合

1 定価の80％で買ったシューズは、3600円でした。
このシューズの定価は何円ですか。

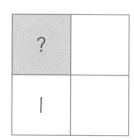

式 $3600 \div 0.8 =$

答え

2 計算問題を180題しました。これは全体の75％です。
この計算問題は全部で何題ですか。

? | 式
1 |

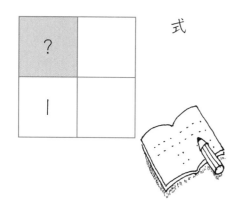

答え

3 谷川小学校の運動場は4500m²で、学校全体の面積の
60％にあたります。谷川小学校全体の面積は何m²ですか。

? | 式
1 |

答え

4 谷川中学校のスポーツクラブ員の数は84人で、全生徒
の56％にあたります。谷川中学校の生徒数は何人ですか。

? | 式
1 |

答え

5 急行電車の1両あたりの乗客数は180人で、これは
定員の120％にあたります。1両あたりの定員は何人ですか。

? | 式
1 |

答え

16 割合とグラフ ⑥

学 習 日		名
月	日	前

色を
ぬろう

① それぞれの県の四国全体にしめる割合と百分率を求めます。（電卓使用）

四国地方の県の面積の割合　　（2018年）

県名	高知 こうち	愛媛 えひめ	徳島 とくしま	香川 かがわ	合計
面 積 （百km²）	71	57	41	19	188
割 合	0.38	0.30			1
百分率 （%）	38	30			100

徳島県と香川県の四国全体にしめる割合（小数第3位を四捨五入）を求め、百分率を出しましょう。

② 上の表を見て、下の帯グラフにかきましょう。

四国地方の県の面積の割合

（2018年）

0　10　20　30　40　50　60　70　80　90　100　（%）

高知	

③ 高木さんは、駅前の道路を通った乗り物200台について、下のようにまとめました。割合と百分率を求め、帯グラフをかきましょう。

駅前の道路を通った乗り物の割合

乗り物	台数（台）	割 合	百分率（%）
乗用車	84		
バ イ ク	44		
トラック	30		
自 転 車	22		
バ ス	8		
そ の 他	12		
計	200	1	100

駅前の道路を通った乗り物の割合

0　10　20　30　40　50　60　70　80　90　100　（%）

16 割合とグラフ ⑦

1 次の帯グラフを、下の円グラフにかきかえましょう。

四国地方の県の面積の割合（わりあい）

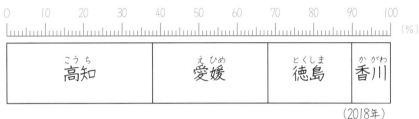

| 高知（こうち） | 愛媛（えひめ） | 徳島（とくしま） | 香川（かがわ） |

(2018年)

> 割合の大きい順に、右まわりに区切っていきます。

四国地方の県の面積の割合

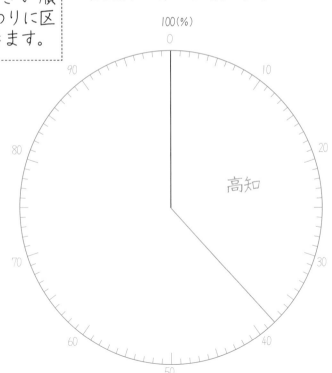

2 県別の世帯数を百分率（ひゃくぶんりつ）にして、円グラフにしましょう。

四国地方の県別世帯数の割合　(2018年)

県　名	世帯数（万）	割　合	百分率（%）
愛　媛	65	0.37	
香　川	44	0.25	
高　知	35	0.20	
徳　島	34	0.19	
計	178	1.01	

※四捨五入（ししゃごにゅう）したため合計が100%にならないときは、一番大きいものを1%へらしてグラフをかきます。

四国地方の
県別世帯数
の割合

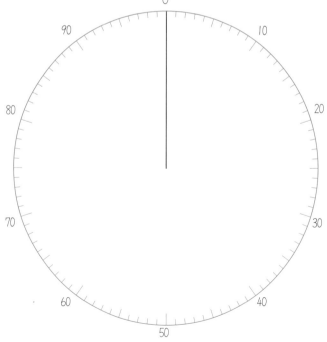

学習日 月 日　名前

合格 80〜100 点
点

1 次の割合を百分率で表しましょう。 (各5点)

① 0.3 → (　　　)　② 0.68 → (　　　)

③ 0.07 → (　　　)　④ 1.5 → (　　　)

2 百分率で表した割合を小数で表しましょう。 (各5点)

① 8% → (　　　)　② 40% → (　　　)

③ 95% → (　　　)　④ 120% → (　　　)

3 □にあてはまる数をかきましょう。 (各5点)

① 6mは20mの [　　] %です。

② 20mの60%は [　　] mです。

③ 6mが20%にあたるロープの長さは [　　] mです。

4 夕方にスーパーマーケットに行くと、640円のお弁当が 3割引きになっていました。いくらで買えますか。 (10点)

式

答え ＿＿＿＿＿＿＿

5 2学期のある日、休み時間に5年生がしていた遊びを 表にしました。

① 全体をもとにして、それぞれの百分率を求めましょう。 (各5点)

休み時間の遊び

遊び	人数	百分率(%)
ドッジボール	23	
サッカー	10	
一 輪 車	7	
な わ と び	4	
そ の 他	6	
合 計	50	100

② 割合にあわせてめもりを区切り、帯グラフに表しま しょう。 (10点)

休み時間の遊び

0　10　20　30　40　50　60　70　80　90　100
(%)

17 正多角形と円周の長さ ①

学 習 日　月　日　名前

3つ以上の直線で囲まれた図形を **多角形** といいます。

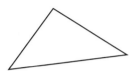

3本の直線で囲まれた図形は、三角形です。角が3つあります。

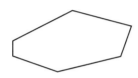

6本の直線で囲まれた図形は、六角形です。角が6つあります。

1 次の多角形の名前をかきましょう。

①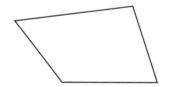

②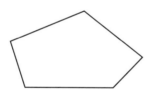

③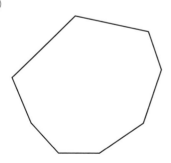

④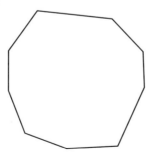

辺の長さがすべて等しく、角の大きさがすべて等しい多角形を、**正多角形** といいます。

3つの辺の長さは、すべて同じです。
3つの角は、すべて60°で同じです。
これは、正三角形です。

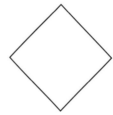

4つの辺の長さは、すべて同じです。
4つの角は、すべて90°（直角）で同じです。
これは、正方形です。

2 次の正多角形の名前をかきましょう。

①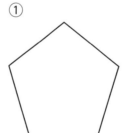

②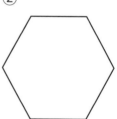

③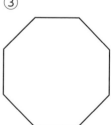

学習日　月　日

名前

1　正多角形には、円の内側にぴったり入る性質があります。

図を見て、半径3cmの円の内側にぴったり入る正六角形をかきましょう。

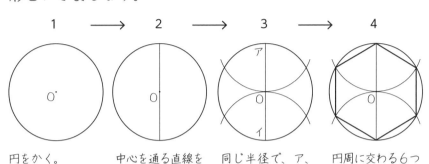

1　　　　2　　　　3　　　　4

円をかく。

中心を通る直線をひく。

同じ半径で、ア、イをコンパスの足にして、円周にかかる半円をかく。

円周に交わる6つの点をむすぶ。

2からかいてみましょう。

1からかいてみましょう。

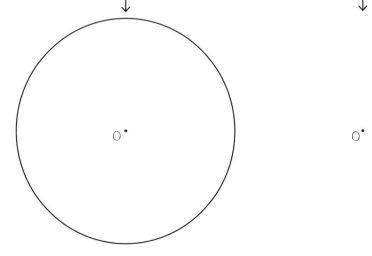

2　円の中心のまわりの角（360°）を5等分して（360°÷5＝72°）、正五角形をかきましょう。

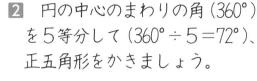

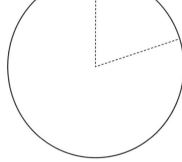

3　下の正多角形の中心の角（ア〜イ）を計算で求めましょう。正多角形なので、それぞれの中心の角は等分されています。

① 　式

答え

② 　式

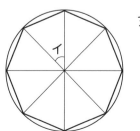

答え

どんな大きさの円でも、**円周÷直径** は、同じ数になります。この同じ数を **円周率** といいます。

円周÷直径＝円周率

円周率は、3.141592…とかぎりなく続く数です。
ふつうは、**3.14** として使います。

右の図は、直径（**アイ**）4cmの円の外側に接する正方形と、円の内側に接する正六角形をかいたものです。

正方形のまわりの長さは、4×4で16cmです。

六角形のまわりの長さは、2×6で12cmになります。

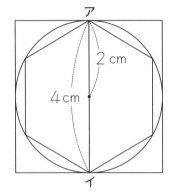

ア
2cm
4cm
イ

つまり、円周は直径（**アイ**）の4倍よりは小さく、3倍よりは大きいということがわかります。およその円周や、およその直径が知りたいときには、3.14でなく3を使うこともあります。

まるい池の
まん中の橋は
6mくらいよ

それなら、池のまわりは6×3で18mくらいだ

---

1 次の円の直径を計算で求めましょう。
　　以下、円周率は3.14とします。

①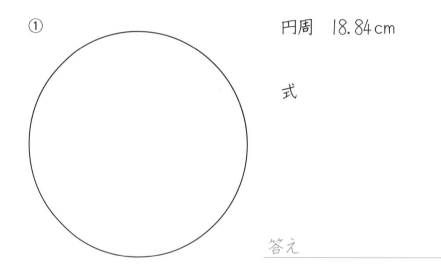
円周　18.84cm

式

答え _____

②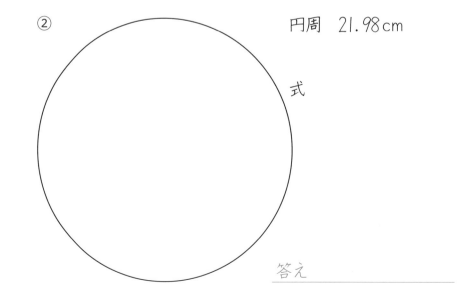
円周　21.98cm

式

答え _____

17 正多角形と円周の長さ ④

学 習 日	名
月　日	前

色を
ぬろう　わから　だいたい　できた！
ない　できた

1 次の円の円周を求めましょう。

直径×円周率＝円周　（半径×2×3.14＝円周）

①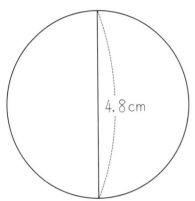

4.8cm

式

答え _____

②

6.4cm

式

答え _____

2 次の円の直径は6cmです。太い線の長さを求めましょう。

①

（円を等分）

式

答え _____

②

（円を3等分）

式

答え _____

③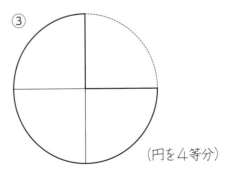

（円を4等分）

式

答え _____

99

角柱と円柱 ①

学習日　月　日

名前

色をぬろう

立体には、いろいろな形があります。

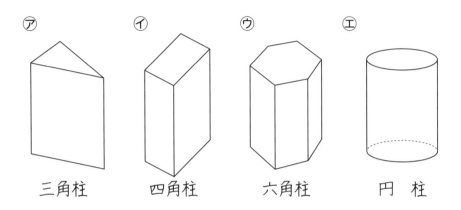

ア 三角柱　イ 四角柱　ウ 六角柱　エ 円柱

角柱

底面　側面　側面　底面　高さ

2つの平行な面を **底面** といいます。

2つの底面は合同な形です。

底面以外のまわりの面を **側面** といいます。

角柱の側面は、長方形か正方形です。

角柱は、底面の形で三角柱、四角柱、五角柱…と区別します。立方体や直方体は、四角柱の特別な形です。

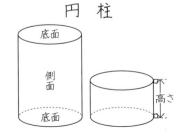

円柱

底面　側面　底面　高さ

2つの平行な面は、合同な円です。円柱の側面は、曲面です。

1 角柱のちょう点、辺、面の数を調べましょう。

	三角柱	四角柱	五角柱	六角柱
ちょう点の数				
辺の数				
面の数				

◉ 三角柱…ちょう点の数　3×2=6
　　　…辺の数　　　　　3×3=9
　　　…面の数　　　　　3+2=5

2 計算で、次の角柱のちょう点、辺、面の数を求めましょう。

	七角柱	八角柱	十角柱	十二角柱
ちょう点の数				
辺の数				
面の数				

100

1 右の角柱について答えましょう。

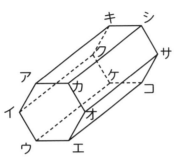

① この角柱の底面の正多角形の名前は、何といいますか。

_____

② この角柱の名前は、何といいますか。

_____

③ 面アイウエオカに平行な面はどれですか。

_____

④ 底面に垂直（すいちょく）な面は、何個（こ）ありますか。

_____

⑤ 1つの側面の形は、何といいますか。

_____

⑥ 平行な面は、何組ですか。

_____

⑦ 底面に垂直な辺は、何本ありますか。

_____

⑧ 辺アキに平行な辺は、何本ありますか。

_____

⑨ 辺アカに平行な辺は、何本ありますか。

_____

2 次の立体の名前をかきましょう。

① 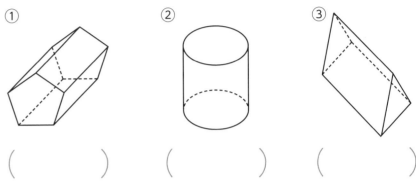　②　③

（　　　　　）　（　　　　　）　（　　　　　）

3 次の文の（　）にあてはまる言葉をかきましょう。

角柱で上下の向かいあった2つの面を

（ ⑦　　　　　　）といい、大きさも形も

（ ⑦　　　　　　）です。

それ以外の面は（ ⑨　　　　　　）といい、

形はすべて（ ⑨　　　　　　）や正方形になっています。

18 角柱と円柱 ③

1 正しい方を〇で囲みましょう。

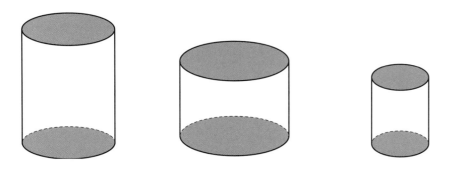

上のような立体を（角柱・円柱）といいます。

大きさが同じで、平行な2つの円の面を（底面・側面）

といい、まわりの面を（底面・側面）といいます。

円柱の側面は（平面・曲面）になっています。

2 （　）に名前をかきましょう。

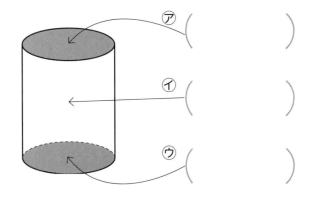

㋐（　　　　　）

㋑（　　　　　）

㋒（　　　　　）

3 次の図は、立体を正面から見た図と真上から見た図です。それぞれ何という立体ですか。

① （　　　　　）

② （　　　　　）

③ （　　　　　）

④ （　　　　　）

⑤ （　　　　　）

18 角柱と円柱 ④

1 次の展開図を見て答えましょう。

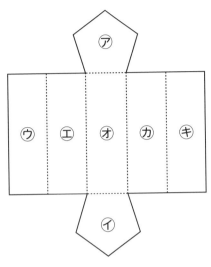

① 組み立ててできる立体は何といいますか。

(　　　　　　　　)

② 底面は何という形ですか。

(　　　　　　　　)

③ 面⑦と平行になる面はどれですか。

(　　　　　　　　)

④ 面①と垂直になる面をすべてかきましょう。

(　　　　　　　　)

⑤ 面①と垂直になる辺は何本ありますか。

(　　　　　　　　)

2 次の展開図を見て、立体の名前をかきましょう。

①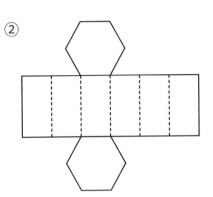

4cm
4cm
8cm

②

_____

③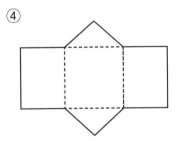

10cm
13cm

④

_____

18 角柱と円柱 ⑤

学習日	名
月　日	前

色を
ぬろう

わから
ない　だいたい　できた！
できた

1 底辺の三角形の辺の長さは、
3cm、4cm、5cmです。
　三角柱の高さは6cmです。
展開図をかきましょう。

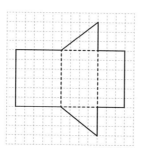

2 底面の円の直径は3cmです。
円柱の高さは5cmです。
円柱の展開図をかきましょう。

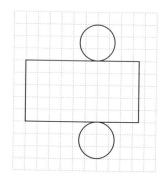

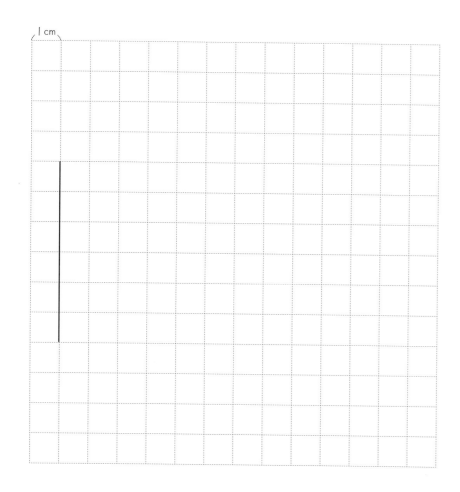

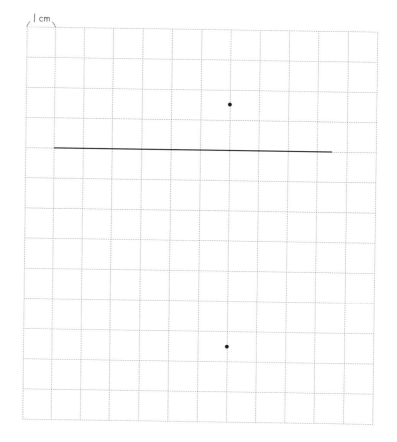

104

学習日　月　日

名前

色をぬろう　わからない　だいたいできた　できた！

九九を習ったときの2のだんの答えの2、4、6、8、…
…を2の倍数といいます。同じように、3のだんの答えが
3の倍数、……9のだんの答えが9の倍数を表しています。
九九のはんいの数については、何の倍数かすぐわかりますが、
大きな数については、わかりません。大きい数について、
何の倍数が見分ける方法があります。

2の倍数……下1けたが2の倍数。（0、2、4、6、8）
4の倍数……下2けたが4の倍数。（00、04、08、12、……）
5の倍数……下1けたが5の倍数。（0、5）
3の倍数……各位の数字の和が3の倍数。
　　　　　例、375は3＋7＋5＝15で、15は3の倍数）
9の倍数……各位の数字の和が9の倍数。
　　　　　（例、783は7＋8＋3＝18で、18は9の倍数）

1 次の数のうち、2の倍数はどれですか。番号で答えましょう。

① 764　　② 681　　③ 4327

答え ＿＿＿＿＿＿＿

2 次の数のうち、4の倍数はどれですか。番号で答えましょう。

① 369　　② 448　　③ 6288

答え ＿＿＿＿＿＿＿

3 次の数のうち、5の倍数はどれですか。番号で答えましょう。

① 531　　② 200　　③ 3795

答え ＿＿＿＿＿＿＿

4 次の数のうち、3の倍数はどれですか。番号で答えましょう。

① 246　　② 319　　③ 4847

答え ＿＿＿＿＿＿＿

5 次の数のうち、9の倍数はどれですか。番号で答えましょう。

① 558　　② 362　　③ 2673

答え ＿＿＿＿＿＿＿

6 次の数のうち、2でも3でもわり切れる数はどれですか。番号で答えましょう。

① 7581　　② 4722　　③ 5143

④ 6244　　⑤ 3171　　⑥ 9836

答え ＿＿＿＿＿＿＿

1 11×11＝121 です。

では、111×111 の答えはいくつになるでしょうか。

111×111＝12321 です。

それでは

1111×1111 の答えを予想しましょう。

$$1111 \times 1111 = \boxed{}$$

筆算で計算して答えを確かめましょう。

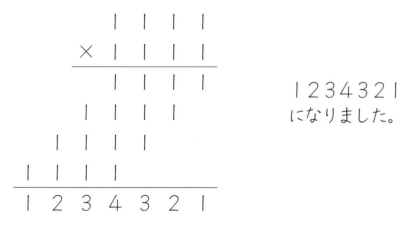

```
        1 1 1 1
    ×   1 1 1 1
    ─────────────
        1 1 1 1
      1 1 1 1
    1 1 1 1
  1 1 1 1
  ─────────────
  1 2 3 4 3 2 1
```

1234321
になりました。

$$111111 \times 111111 = \boxed{}$$

もう　わかりましたね。

2 53×11＝583
45×11＝495
31×11＝341

上の3つの式と答えを見て何か気がついたことはありませんか。

$$\dot{5}\dot{3} \times 11 = \dot{5}8\dot{3}$$
$$\dot{4}\dot{5} \times 11 = \dot{4}9\dot{5}$$
$$\dot{3}\dot{1} \times 11 = \dot{3}4\dot{1}$$

わかりましたか？

53×11＝583　ですね。

5＋3

いくつになりますか。

① 62×11＝ □

② 72×11＝ □

筆算で確かめましょう。

```
      6 2
  ×   1 1
  ───────
```

106

学習日　月　日

名前

色を
ぬろう　わからない　だいたいできた　できた!

1 次の①～④の問題の答えを求める式を、⑦～①から選びましょう。同じ式を何回でも選べます。

　⑦　360＋1.2　　　④　360×1.2
　⑨　360－1.2　　　①　360÷1.2

① 1.2kg が 360 円のさとうがあります。
　このさとう1kgは何円ですか。　□

② 1kgが 360 円のくぎがあります。
　このくぎを1.2kg買うと何円ですか。　□

③ 米1kgは 360 円です。
　あずき1kgは、米の1.2倍のねだんです。
　あずき1kgは何円でしょう。　□

④ 赤いリボン1mは 360 円です。
　これは、白いリボン1mのねだんの 1.2 倍です。
　白いリボン1mは何円ですか。　□

2 ①～⑤の問題の答えを求める式を、⑦～①から選びましょう。同じ式を何回でも選べます。

　⑦　240＋0.8　　④　240－0.8
　⑨　240×0.8　　①　240÷0.8

① こおりざとうは、0.8kgで240円です。
　こおりざとう1kgは何円ですか。　□

② 赤いリボンと青いリボンがあります。
　赤いリボンの長さは240cmです。
　青いリボンは、赤いリボンの0.8倍の
　長さです。青いリボンは何cmですか。　□

③ 1a の畑に240kgの肥料を使います。
　0.8aの畑なら何kgの肥料がいりますか。　□

④ 240kgの肉があります。
　その8割（＝0.8）は牛肉です。
　牛肉は何kgありますか。　□

⑤ 水そうの 80%（＝0.8）まで水を入れると
　240Lです。
　この水そうに水は何L入りますか。　□

1　谷さんと原さんが、カード取りゲームをします。
　　カードは全部で60まいです。

①　60まいのカードを2等分し、2人で分けました。
　　それぞれ何まいずつになりますか。

式

答え

②　1回戦が終わりました。結果は谷さんの勝ちでした。
　　谷さんは、原さんの2倍のカードを持っていました。
　　谷さんは何まい持っていますか。

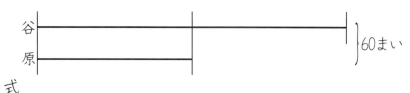

式

答え

③　2回戦は、原さんの大勝利でした。原さんは谷さん
　　の3倍のカードになっていました。原さんが何まい
　　持っていますか。

式

答え

2　折り紙を姉さんは95まい、妹は25まい持っていました。
　　姉さんが妹に何まいかわたしたので、姉さんの折り紙
　　は、妹の折り紙の3倍になりました。姉さんは妹に何ま
　　いわたしましたか。

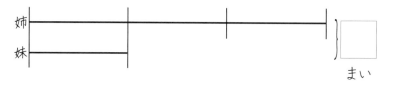

式

答え

3　30mのロープがあります。これを2つに切って、長い
　　方のロープが短いロープの3倍より2m長くなるように
　　します。長い方のロープは何mですか。

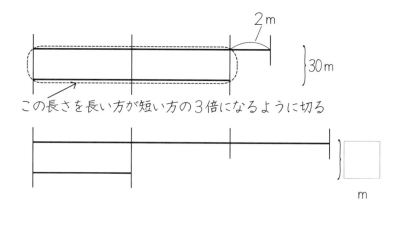

この長さを長い方が短い方の3倍になるように切る

式

答え

1 1辺の長さが1cmの正方形のタイルを、次の図のようにならべていきます。

1番目　2番目　3番目　4番目

上のタイルの数の変わり方を表にしました。

何 番 目	1	2	3	4	5	6
タイルの数(個)	1	4	9	16	⑦	④

タイルの数の数え方は、下の図のように考えます。

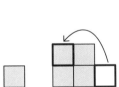 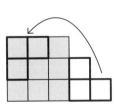 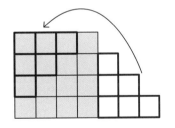

① ⑦のタイルの数は何個ですか。　　　　答え

② ④のタイルの数は何個ですか。　　　　答え

③ 10番目のタイルの数は何個ですか。　答え

2 1辺の長さが1cmの正方形のタイルを図のようにならべました。

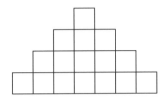
まわりの長さを求める
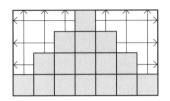

まわりの長さを調べるため、各部分の辺を矢印の方へ移動しました。このことを使って、図のまわりの長さを求めましょう。

式

　　　　　　　　　　　　　　答え

3 1辺の長さが1cmの正方形のタイルを図のようにならべました。まわりの長さを求めましょう。

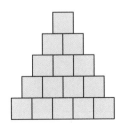　　式

　　　　　　　　　　　　　　答え

19 特別ゼミ 面積は同じ

色を
ぬろう　わからない　だいたいできた　できた!

1 正方形に1本の直線をひいて、同じ面積になるように2つに分けましょう。

  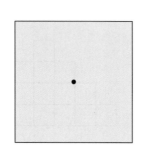

2 長方形に1本の直線をひいて、同じ面積になるように2つに分けましょう。

 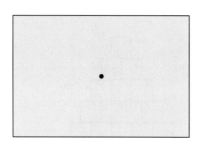

※ 2つに分ける直線は、図形の中心をとおります。

3 下のように、正方形や長方形が組み合わさった ▢ 部分の形を、1本の直線をひいて同じ面積になるように分けてみましょう。

※ 組み合わさっている正方形や長方形には、必ず中心があります。

① ②

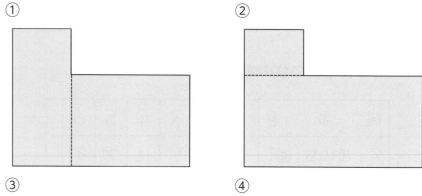

③ ④

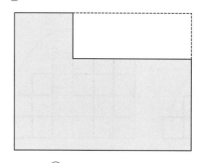 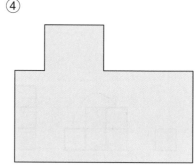

⑤

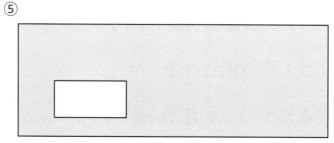

1　1組の三角定規を下の図のように置きました。
　三角定規の90°、60°、45°、30°は、わかっている角度なので、図にかいておきましょう。

①　㋐～㋙の角の大きさを求めましょう。

　㋐

　㋑

　㋒

　㋓

　㋔

　㋕

　㋖

　㋗

　㋘

　㋙

②　定規が重なってできた五角形の5つの角の大きさの和は何度ですか。

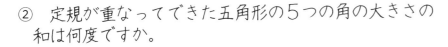　　答え

2　次の図は、正方形の中に、正方形の辺と長さが同じ辺の正三角形をかいたものです。
　正方形の1つの角の大きさや、正三角形の1つの角の大きさはわかっていますね。
　㋐～㋔の角の大きさを求めましょう。

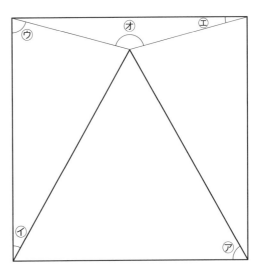

式

式

式

式

式

㋐

㋑

㋒

㋓

㋔

19 特別ゼミ 等積変形

学 習 日	名
月　　日	前

色を
ぬろう
わから だいたい できた!
ない できた

2本の平行な直線に接している図の三角形⑦、⑦、⑦の面積は、底辺が共通で高さが等しいので同じになります。

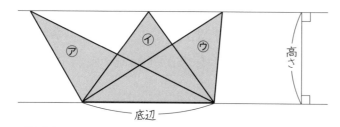

これを応用して、四角形を同じ面積をもつ三角形に変えます。

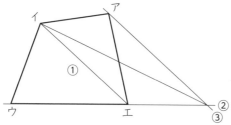

① イとエをむすぶ対角線をひく。

② ウとエの底辺をのばす。

③ ちょう点アを通り、対角線①に平行な線をひく。

④ ②、③の交点とちょう点イをむすぶ。

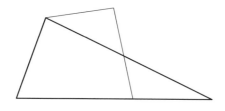

1 次の四角形を、対角線を使って面積の等しい三角形に変えましょう。その三角形に色をぬりましょう。

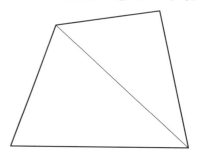

2 次のような形を面積が等しい三角形に変えましょう。

三角形への変え方はいろいろあります。2つかいて、できた三角形に色をぬりましょう。

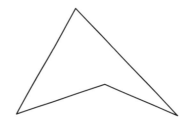

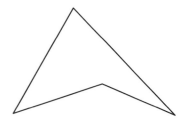

19 **特別ゼミ 多角形の角の和**

色を
ぬろう
わからない　だいたいできた　できた!

① 多角形を対角線で三角形に分けます。

四角形　　　五角形　　　六角形　　　七角形

① 分けてできる三角形は、多角形の辺の数よりいくつ少ないですか。

答え _____

② 三角形の３つの角の大きさの和は何度ですか。

答え _____

③ 下の表の㋐〜㋕を求めましょう。

多角形の名前	四角形	五角形	六角形	七角形	八角形
三角形の数	2	3	4	㋐	㋑
多角形の角の和（度）	360	540	㋒	㋓	㋔

㋐ _____　㋑ _____

㋒ _____　㋓ _____　㋔ _____

② 多角形の内側の点アとちょう点を直線でむすび、三角形に分けます。

四角形　　　五角形　　　六角形　　　七角形

① 点アのまわりに集っている角の和は何度ですか。

答え _____

② 180°×4−360°は、上のどの多角形の角の和を求めたのですか。

答え _____

③ 上の図の五角形の角の和を求める式をかきましょう。

式

④ 上の図のように考えて、十角形の角の和を求める式をかきましょう。

式

1 次の図は、長方形に対角線をひいたものを2つつなげた図です。

三角形、長方形、平行四辺形、ひし形、台形が何個あるか、しっかり数えましょう。

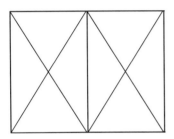

※　どの形を数えているかを、確かめながらしましょう。

三角形 _____

長方形 _____

平行四辺形 _____

ひし形 _____

台形 _____

2 正方形が何個か、長方形が何個か数えましょう。

正方形 _____

長方形 _____

3 三角形が何個あるか数えましょう。

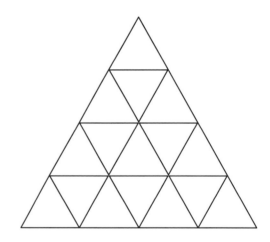

三角形 _____

答え

① ある日、ピタゴラスは町の中を散歩していました。

② 寺院のそばを通ったとき足もとの敷石のもように気がつきました。

③ 定理だ

④ やっとわかったぞ!!

ピタゴラス
（紀元前572年〜492年）
ギリシャ

　ピタゴラスの定理で有名なピタゴラスは、サモス島で生まれました。ある日、ピタゴラス少年がまきを背負って、町を歩いていました。ピタゴラス少年が背負ったまきの組み方があまりにも、みごとだったため、それを見た人は、ピタゴラスに学者になることを熱心にすすめました。
　いろいろな知識を学んだピタゴラスは、クロトンで学校を開きました。学校といっても、今の学校とはちがって、教団や組合のようなものでした。
　そこで学んだことや発見したことは、「口外してはいけない」などきびしい規則がありました。
　ですから有名なピタゴラスの定理も、ピタゴラス自身が発見したのかどうかはわかりません。

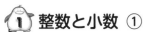 **1 整数と小数 ①**

学習日　月　日　名前　 色をぬろう

1 □にあてはまる数をかきましょう。

① 32.06 は、10 を [3] 個と、1 を [2] 個と、0.1 を [0] 個と、0.01 を [6] 個あわせた数です。

② 154.8 は、100 を [1] 個と、10 を [5] 個と、1 を [4] 個と、0.1 を [8] 個あわせた数です。

2 □にあてはまる数をかきましょう。

① 459=100×[4]+10×[5]+1×[9]

② 67.01=10×[6]+1×[7]+0.1×[0]+0.01×[1]

③ 3.852=[1]×3+[0.1]×8+[0.01]×5+[0.001]×2

④ 95.86=[10]×9+[1]×5+[0.1]×8+[0.01]×6

3 次の数は、0.001 を何個集めた数ですか。

① 0.007 （ 7個 ）

② 0.052 （ 52個 ）

③ 0.789 （ 789個 ）

④ 3.6 （ 3600個 ）

4 下の□に右のカードをあてはめて、一番大きい数と一番小さい数をつくりましょう。

一番大きい数 [7][5].[4][3][1]

一番小さい数 [1][3].[4][5][7]

5

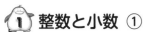 **1 整数と小数 ②**

学習日　月　日　名前　色をぬろう

1 2.5 を 10倍、100倍、1/10、1/100 にした数を調べましょう。

① 次の表を完成させましょう。

百	十	一
2	5	0
	2	5
		2.5
		0.2 5
		0.0 2 5

② 10倍すると、位は何けた上がりますか。

答え 1けた

③ 100倍すると、位は何けた上がりますか。

答え 2けた

④ 1/10 にすると、位は何けた下がりますか。

答え 1けた

⑤ 1/100 にすると、位は何けた下がりますか。

答え 2けた

2 次の数を10倍、100倍、1/10、1/100 にした数をかきましょう。

7.53

① 10倍 （ 75.3 ） ② 100倍 （ 753 ）

③ 1/10 （ 0.753 ） ④ 1/100 （ 0.0753 ）

26.8

⑤ 10倍 （ 268 ） ⑥ 100倍 （ 2680 ）

⑦ 1/10 （ 2.68 ） ⑧ 1/100 （ 0.268 ）

3 次の□にあてはまる数をかきましょう。

① 7.54 の小数点を右に1つ移すと [10] 倍の数になり、右に2つ移すと [100] 倍の数になります。

7.5 4

② 69.3 の小数点を左に1つ移すと [1/10] の数になり、左に2つ移すと [1/100] の数になります。

6 9.3

6

---

 1 整数と小数 ③

学習日　月　日　名前　色をぬろう

整数12を10倍すると、12の右側に0を1つかいて、120になります。

12の10倍　120　かく

整数200を1/10にすると200の右側の0を1つ消して、20になります。

200の1/10　20　消す

小数12.3を10倍すると、小数点が右に1つ移り123になります。

12.3の10倍　12.3

小数56.4を1/10にすると小数点が左に1つ移り5.64になります。

56.4の1/10　5.64

1 次の数をかきましょう。

① 25 の 10倍 （ 250 ）

② 37 の 100倍 （ 3700 ）

③ 46 の 1000倍 （ 46000 ）

④ 120 の 1/10 （ 12 ）

⑤ 2800 の 1/100 （ 28 ）

⑥ 34000 の 1/1000 （ 34 ）

2 次の数をかきましょう。

① 3.6 の 10倍 （ 36 ）

② 3.14 の 100倍 （ 314 ）

③ 0.01 の 1000倍 （ 10 ）

④ 37.6 の 1/10 （ 3.76 ）

⑤ 237 の 1/100 （ 2.37 ）

⑥ 48 の 1/1000 （ 0.048 ）

7

---

 2 体 積 ①

学習日　月　日　名前　色をぬろう

体積は、1辺の長さが1cmの立方体が何個分あるかで表します。

 1cm

1辺の長さが1cmの立方体の体積を **1立方センチメートル** といい、1cm³ とかきます。

1 次の立体の体積は何cm³ですか。

 は、1cm³ とします。

① （ 3 cm³）

② （ 6 cm³）

③ （ 6 cm³）

④ （ 12 cm³）

2 次の立体の体積は何cm³ですか。

①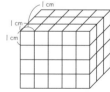

式 3×5×4=60

答え 60cm³

②

式 3×4×4=48

答え 48cm³

直方体や立方体の体積は次の公式で求められます。

直方体の体積＝たて×横×高さ
立方体の体積＝1辺×1辺×1辺

8

116

色を ぬろう / わからない / だいたいできた / できた！

1 次の直方体の体積を求めましょう。

①
式　2×5×4=40
答え　40cm³

②
式　3×3×5=45
答え　45cm³

2 立方体の体積を求めましょう。

①
式　3×3×3=27
答え　27cm³

②
式　5×5×5=125
答え　125cm³

③
式　5×1×5=25
答え　25cm³

④
式　2×7×3=42
答え　42cm³

③
式　6×6×6=216
答え　216cm³

④
式　10×10×10=1000
答え　1000cm³

9

色を ぬろう / わからない / だいたいできた / できた！

1 次の立体の体積を、欠けている部分を取りのぞく方法で求めましょう。

①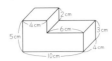

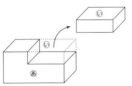

あ（大きな直方体）の式
4×10×5=200

い（欠けている部分）の式
4×6×2=48

あ－い
200−48=152
答え　152cm³

2 次の立体の体積を、欠けている部分を取りのぞく方法で求めましょう。

①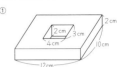
式　10×12×2=240
　　3×4×2=24
　　240−24=216
答え　216cm³

②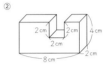
式　2×8×4=64
　　2×2×2=8
　　64−8=56
答え　56cm³

11

色を ぬろう / わからない / だいたいできた / できた！

1 右の立体の体積を2つの方法で求めましょう。

①
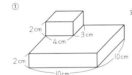
あの式
4×4×5=80
いの式
4×6×3=72
あ＋い
80+72=152
答え　152cm³

②
あの式
4×4×2=32
えの式
4×10×3=120
う＋え
32+120=152
答え　152cm³

2 立体の体積を、2つに分けて求めましょう。

①
式
3×4×2=24
10×10×2=200
24+200=224
答え　224cm³

②
式
5×3×2=30
5×7×6=210
30+210=240
答え　240cm³

10

色を ぬろう / わからない / だいたいできた / できた！

1辺の長さが1mの立方体の体積を **1立方メートル** といい、**1m³** とかきます。

1 m³

1 次の立体の体積を求めましょう。

①
式　5×5×5=125
答え　125m³

②
式　2×2×1.5=6
答え　6m³

③ たて4m、横2m、高さ5mの直方体
式　4×2×5=40
答え　40m³

2 1m³について調べましょう。

① 1m³は何cm³ですか。
式　100×100×100
　　=1000000
1m³= 1000000 cm³

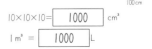

② 1m³は何mLですか。
1cm³＝1mL
1m³ = 1000000 mL

③ 1m³は何Lですか。
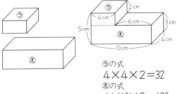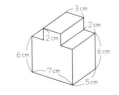
10×10×10= 1000 cm³
1m³= 1000 L

12

117

2 体積 ⑥

水のかさと体積の関係を調べましょう。

1Lの水を、たて10cm、横10cmの容器に入れると、高さが10cmになります。

1Lは、10cm×10cm×10cm=1000cm³ということです。

1L=1000cm³　　1L=1000mL

1 内のり（容器の内側のたて、横、深さ）が、図のような容器に、水を満たすと何cm³入りますか。また、それは何Lですか。

①
式 20×10×5=1000

答え　1000cm³、　1L

②
式 25×12×10=3000

答え　3000cm³、　3L

2 内のりが図のような容器に、20Lの水を入れます。深さは何cmになりますか。

式
20L=20000cm³
20×40=800
20000÷800=25

答え　25cm

3 厚さ1cmの板でできた容器があります。これに水を満たすと、水は何cm³入りますか。

式
(12−2)×(13−2)
×(14−1)
=10×11×13
=1430

答え　1430cm³

13

2 体積 ⑦ まとめ

1 次の□にあてはまる数をかきましょう。(各10点)

① 1m³= 1000000 cm³

② 1m³= 1000 L

③ 2L= 2000 cm³

④ 3L= 3000 mL

⑤ 3cm³= 3 mL

2 次の直方体と立方体の体積を求めましょう。
(式、答え各5点)

①
式 2×4×3=24

答え　24cm³

②
式 6×6×6=216

答え　216cm³

3 次の立体の体積を求めましょう。(式、答え各10点)

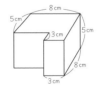

式
5×8×5=200
3×3×5=45
200+45=245

答え　245cm³

4 下のような形の体積を次の式で求めました。どのように考えたのか、図に線をかき入れましょう。(10点)

5×3×3+5×8×5

14

3 比 例 ①

1 石だんの1つの高さは15cmです。石だんのだんの数と全体の高さの関係を表にかきましょう。

だんの数（だん）	1	2	3	4	5
高さ（cm）	15	30	45	60	75

2 1本の重さが6gのくぎがあります。くぎの本数と全体の重さの関係を表にかきましょう。

本数（本）	1	2	3	10	11
重さ（g）	6	12	18	60	66

3 厚さ7mmの本を積んだときの本のさっ数と高さの関係を表にかきましょう。

さっ数（さつ）	1	2	3	7	8
高さ（mm）	7	14	21	49	56

4 次の表は、紙のまい数と重さの関係を表にしたものです。

まい数（まい）	10	20	30	40	50
重さ（g）	50	100	150	200	250

① 紙10まいの重さは何gですか。

答え　50g

② 紙のまい数を3倍にすると、重さは何倍になりますか。

答え　3倍

③ この紙70まいのときの重さは何gですか。

答え　350g

④ この紙1まいの重さは何gですか。

答え　5g

15

3 比 例 ②

1 1mの重さが8gのはり金があります。このはり金の長さと重さの関係を調べましょう。

はり金の長さが2倍、3倍、4倍、……になると、重さはどのように変わりますか。ア～ウにあてはまる数をかきましょう。

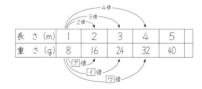

長さ（m）	1	2	3	4	5
重さ（g）	8	16	24	32	40

答え　ア 2　　イ 3　　ウ 4

2つの数量があって、一方のあたいが2倍、3倍、……になると、それにともなってもう一方のあたいも2倍、3倍、……になるとき、この2つの数量は **比例** するといいます。

2 下の表で、○が□に比例しているなら（　）に比例すると、そうでないときは比例しないとかきましょう。

① （ 比例する ）

□（個）	1	2	3	4	5	6
○（kg）	2	4	6	8	10	12

② （ 比例しない ）

□（m）	1	2	3	4	5	6
○（m）	12	6	4	3	2.4	2

3 正三角形の1辺の長さを変えて正三角形をかきます。

1辺の長さとまわりの長さの関係を表にしましょう。

1辺の長さ（cm）	1	2	3	4	5	6
まわりの長さ（cm）	3	6	9	12	15	18

16

小学4年生で、小数×整数の計算をしました。
同じように、整数×小数の計算を考えます。
24×3.4 の筆算は

```
  2 4
× 3.4
  9 6
7 2
8 1.6
```

小数点
以下
は1個

1. 整数のかけ算と同じよう
　にする。
2. 小数点以下の数にあわせ
　て積の小数点を打つ。

1 次の計算をしましょう。

①
```
  2 1
× 2.3
  6 3
4 2
4 8.3
```

②
```
  2 3
× 1.3
  6 9
2 3
2 9.9
```

2 次の計算をしましょう。

①
```
  3 2
× 2.2
  6 4
6 4
7 0.4
```

②
```
  4 2
× 1.6
2 5 2
4 2
6 7.2
```

③
```
  3 4
× 1.2
  6 8
3 4
4 0.8
```

④
```
  2 4
× 1.7
1 6 8
2 4
4 0.8
```

⑤
```
  1 2
× 1.5
  6 0
1 2
1 8.0
```

⑥
```
  1 5
× 1.8
1 2 0
1 5
2 7.0
```

17

3.4×4.7 の筆算は

```
  3.4
× 4.7
2 3 8
1 3 6
1 5.9 8
```

小数点
以下
は2個

1. 整数と同じように
　計算する。
2. 小数点以下の数に
　あわせて積の小数
　点を打つ。

1 次の計算をしましょう。

①
```
  2.3
× 8.7
1 6 1
1 8 4
2 0.0 1
```

②
```
  3.7
× 8.4
1 4 8
2 9 6
3 1.0 8
```

2 次の計算をしましょう。

①
```
  4.6
× 6.8
3 6 8
2 7 6
3 1.2 8
```

②
```
  4.9
× 4.8
3 9 2
1 9 6
2 3.5 2
```

③
```
  6.3
× 6.3
1 8 9
3 7 8
3 9.6 9
```

④
```
  6.5
× 3.9
5 8 5
1 9 5
2 5.3 5
```

⑤
```
  5.4
× 9.5
2 7 0
4 8 6
5 1.3 0
```

⑥
```
  9.8
× 3.5
4 9 0
2 9 4
3 4.3 0
```

18

6×0.7 の計算を考えてみましょう。

```
    6
× 0.7
  4.2
```

小数点
以下
は1個

6×0.7=4.2

6×7=42 とかいて、小数
点を打ちます。

1 次の計算をしましょう。

① 5×0.7= 3.5　② 7×0.3= 2.1

③ 9×0.6= 5.4　④ 8×0.7= 5.6

⑤ 3×0.9= 2.7　⑥ 4×0.6= 2.4

⑦ 6×0.8= 4.8　⑧ 9×0.4= 3.6

⑨ 7×0.4= 2.8　⑩ 8×0.6= 4.8

⑪ 5×0.6= 3.0　⑫ 8×0.5= 4.0

0.3×0.4 の計算を考えてみましょう。

```
  0.3
× 0.4
0.1 2
```

小数点
以下
は2個

0をかく

0.3×0.4=0.12

3×4=12 とかいて、小数
点を打ちます。

2 次の計算をしましょう。

① 0.9×0.6= 0.54

② 0.8×0.7= 0.56

③ 0.6×0.8= 0.48

④ 0.7×0.5= 0.35

⑤ 0.4×0.6= 0.24

⑥ 0.8×0.5= 0.40

19

1 次の計算をしましょう。

①
```
  1.8 9
×   6.7
1 3 2 3
1 1 3 4
1 2.6 6 3
```

②
```
  2.6 7
×   9.8
2 1 3 6
2 4 0 3
2 6.1 6 6
```

③
```
  5.7 9
×   9.7
4 0 5 3
5 2 1 1
5 6.1 6 3
```

④
```
  2.7 9
×   9.4
1 1 1 6
2 5 1 1
2 6.2 2 6
```

⑤
```
  3.4 6
×   7.5
1 7 3 0
2 4 2 2
2 5.9 5 0
```

⑥
```
  6.1 4
×   4.5
3 0 7 0
2 4 5 6
2 7.6 3 0
```

2 次の計算をしましょう。

①
```
  1 7.9
× 0.8 7
1 2 5 3
1 4 3 2
1 5.5 7 3
```

②
```
  3 8.9
× 0.9 6
2 3 3 4
3 5 0 1
3 7.3 4 4
```

③
```
  1 5.8
× 0.7 9
1 4 2 2
1 1 0 6
1 2.4 8 2
```

④
```
  3 6.7
× 0.6 3
1 1 0 1
2 2 0 2
2 3.1 2 1
```

⑤
```
  7 7.5
× 0.7 8
6 2 0 0
5 4 2 5
6 0.4 5 0
```

⑥
```
  6 2.5
× 0.5 2
1 2 5 0
3 1 2 5
3 2.5 0 0
```

20

学習日 月 日　名前　　　色をぬろう わからない／だいたいできた／できた

1 1mのねだんが70円のリボンを2.5m買いました。代金はいくらですか。

式 70×2.5=175

```
     7 0
   × 2.5
   3 5 0
   1 4 0
   1 7 5.0
```

答え 175円

2 1Lの重さが0.8kgの灯油0.7Lの重さは何kgですか。

式 0.8×0.7=0.56

```
     0.8
   × 0.7
   0.5 6
```

答え 0.56kg

3 1mの重さが9.5gのはり金があります。このはり金4.8mの重さは何gですか。

式 9.5×4.8=45.6

```
     9.5
   × 4.8
   7 6 0
   3 8 0
   4 5.6 0
```

答え 45.6g

4 1mの重さが3.24kgのパイプがあります。このパイプ4.6mの重さは何kgですか。

式 3.24×4.6=14.904

```
     3.2 4
   ×   4.6
   1 9 4 4
   1 2 9 6
   1 4.9 0 4
```

答え 14.904kg

5 たてが6.35m、横が8.5mの長方形の土地の面積は何m²ですか。

式 6.35×8.5=53.975

```
     6.3 5
   ×   8.5
   3 1 7 5
   5 0 8 0
   5 3.9 7 5
```

答え 53.975m²

6 たてが4.07m、横が7.4mの長方形の池の面積は何m²ですか。

式 4.07×7.4=30.118

```
     4.0 7
   ×   7.4
   1 6 2 8
   2 8 4 9
   3 0.1 1 8
```

答え 30.118m²

21

学習日 月 日　名前　　　色をぬろう わからない／だいたいできた／できた

1 6×0.4の積は、2.4です。積の 2.4 は、かけられる数の6より小さいですね。積がかけられる数より小さくなるのはどれですか。□に○をつけましょう。

① ◯ 45×0.9　　② ◯ 60×0.5

③ □ 40×1.2　　④ □ 0.8×20

> 小数のかけ算では、1より小さい数をかけると、その積はかけられる数より小さくなります。

2 正しい積になるように小数点を打ちましょう。

①
```
     4.2
   × 7.6
   2 5 2
   2 9 4
   3 1.9 2
```

②
```
     2.5
   × 8.4
   1 0 0
   2 0 0
   2 1.0 0
```

③
```
     1.4 7
   ×   5.2
   2 9 4
   7 3 5
   7.6 4 4
```

④
```
     3.5
   × 7.8
   2 8 0
   2 4 5
   2 7.3 0
```

3 □にあてはまる数をかきましょう。

① 3.4×5.6=5.6× 3.4

② 6.4×2.5+3.6×2.5
　=(6.4 + 3.6)×2.5
　= 10 ×2.5

4 80円の3倍は、80×3=240 で 240円です。

① 80円の3.5倍は何円になりますか。

答え 280円

② 80円の0.7倍は何円になりますか。

答え 56円

> 1より小さい小数で表す倍もあります。

5 お父さんの体重は65kgです。弟の体重はお父さんの0.6倍だそうです。弟の体重は何kgですか。

式 65×0.6=39

答え 39kg

22

学習日 月 日　名前　　　合格 80~100 点

1 □にあてはまる数をかきましょう。（□1つ5点）

① 8.4×6.3=6.3× 8.4

② 2.5×5.7+2.5×4.3
　=2.5×(5.7+ 4.3)
　=2.5× 10
　= 25

2 積がかけられる数より小さくなるものに○をつけましょう。（1つ5点）

① 3×0.6 (◯)　② 1.5×0.3 (◯)

③ 0.7×1.2 (   )　④ 6.2×0.8 (◯)

3 正しい積になるように小数点を打ちましょう。（各5点）

①
```
       9
   × 0.7
   6.3
```

②
```
     2.3
   × 8.2
     4 6
   1 8 4
   1 8.8 6
```

③
```
     0.6
   × 0.8
   0.4 8
```

4 次の計算をしましょう。（各10点）

①
```
     1.5
   × 7.1
     1 5
   1 0 5
   1 0.6 5
```

②
```
     7.4
   × 2.2
   1 4 8
   1 4 8
   1 6.2 8
```

③
```
     4.2 3
   ×   2.3
   1 2 6 9
   8 4 6
   9.7 2 9
```

④
```
     1.2 4
   ×   2.5
   6 2 0
   2 4 8
   3.1 0 0
```

5 1Lで1.8m²のかべをぬれるペンキがあります。このペンキ2.4Lでは何m²ぬれますか。（式、答え各5点）

式 1.8×2.4=4.32

答え 4.32m²

23

学習日 月 日　名前　　　色をぬろう わからない／だいたいできた／できた

10÷2 と 100÷20 を考えます。

10÷2 は、10円を2人で分けると1人分は5円です。

100÷20 は、100円を20人で分けるとやはり1人分は5円です。

10÷2=5、100÷20=5

つまり、「わられる数」と「わる数」を10倍しても答えは同じになります。

これをわり算の性質といいます。

次に小数のわり算 6.35÷2.5 を考えてみましょう。

わり算の性質を使って、「わる数」と「わられる数」をそれぞれ10倍しても、答えは同じになります。

6.35÷2.5 ⇒ 63.5÷25

63.5÷25 の計算は、すでに4年生で習った計算ですね。

計算練習に入る前に、小数点の移動について練習します。
6.35÷2.5 を筆算で表すと

商の小数点

```
2.5)6.35  ⇒  2.5)6.3.5
```
わる数を10倍　わられる数を10倍　そのまま上へ打つ

98÷1.4 のときは

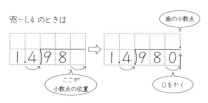

商の小数点

```
1.4)98  ⇒  1.4)98 0
```
ここが小数点の位置　0をかく

1 商の小数点を打ちましょう。

①
```
1.8)2.2 5
```

②
```
1.5)7 5
```

24

120

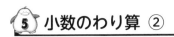 小数のわり算 ②

学習日 月 日　名前

色をぬろう　わからない　だいたい　できた!

❶ 次の計算をしましょう。

①
```
        6.4
0.7)4.48
    4 2
      2 8
      2 8
        0
```

②
```
        6.2
0.4)2.48
    2 4
        8
        8
        0
```

③
```
        9.7
0.5)4.85
    4 5
      3 5
      3 5
        0
```

④
```
        5.7
0.2)1.14
    1 0
      1 4
      1 4
        0
```

❷ 次の計算をしましょう。

①
```
        0.3
0.8)0.24
    2 4
      0
```

②
```
        0.6
0.3)0.18
    1 8
      0
```

③
```
        0.8
0.7)0.56
    5 6
      0
```

④
```
        0.8
0.9)0.72
    7 2
      0
```

⑤
```
        0.7
0.5)0.35
    3 5
      0
```

⑥
```
        0.6
0.6)0.36
    3 6
      0
```

25

小数のわり算 ③

学習日 月 日　名前

色をぬろう　わからない　だいたい　できた!

❶ 次の計算をしましょう。

①
```
        1.4
4.5)6.3
    4 5
    1 8 0
    1 8 0
        0
```

②
```
        1.5
5.2)7.8
    5 2
    2 6 0
    2 6 0
        0
```

③
```
        3.8
2.5)9.5
    7 5
    2 0 0
    2 0 0
        0
```

④
```
        3.5
1.8)6.3
    5 4
      9 0
      9 0
        0
```

❷ 次の計算をしましょう。

①
```
        3.5
2.6)9.1
    7 8
    1 3 0
    1 3 0
        0
```

②
```
        1.5
5.6)8.4
    5 6
    2 8 0
    2 8 0
        0
```

③
```
        1.5
4.2)6.3
    4 2
    2 1 0
    2 1 0
        0
```

④
```
        1.5
3.2)4.8
    3 2
    1 6 0
    1 6 0
        0
```

26

小数のわり算 ④

学習日 月 日　名前

色をぬろう　わからない　だいたい　できた!

❶ 次の計算をしましょう。

①
```
        3.9
2.5)9.75
    7 5
    2 2 5
    2 2 5
        0
```

②
```
        5.9
1.6)9.44
    8 0
    1 4 4
    1 4 4
        0
```

③
```
        2.5
2.3)5.75
    4 6
    1 1 5
    1 1 5
        0
```

④
```
        1.6
5.8)9.28
    5 8
    3 4 8
    3 4 8
        0
```

❷ 次の計算をしましょう。

①
```
        2.3
3.5)8.05
    7 0
    1 0 5
    1 0 5
        0
```

②
```
        3.4
2.8)9.52
    8 4
    1 1 2
    1 1 2
        0
```

③
```
        4.5
1.9)8.55
    7 6
      9 5
      9 5
        0
```

④
```
        1.3
4.1)5.33
    4 1
    1 2 3
    1 2 3
        0
```

27

小数のわり算 ⑤

学習日 月 日　名前

色をぬろう　わからない　だいたい　できた!

❶ 次の計算をしましょう。

①
```
        8.
1.3)10.4
    1 0 4
        0
```

②
```
        8.
1.8)14.4
    1 4 4
        0
```

③
```
        8.
2.6)20.8
    2 0 8
        0
```

④
```
        7.
2.5)17.5
    1 7 5
        0
```

⑤
```
        0.6
3.7)2.22
    2 2 2
        0
```

⑥
```
        0.8
4.8)3.84
    3 8 4
        0
```

❷ 次の計算をしましょう。

①
```
       20.
0.3)60
    6
    0
```

②
```
        4.
1.5)60
    6 0
      0
```

小数のわり算では、1より小さい数でわると、その商は、わられる数より大きくなります。

❸ 商が6より大きくなるのはどれですか。□に○をつけましょう。

① ○ 6÷0.3　② □ 6÷1.5

③ □ 6÷1.2　④ ○ 6÷0.2

❹ 商がわられる数より大きくなるのはどれですか。□に○をつけましょう。

① □ 68÷2.5　② ○ 64÷0.8

③ ○ 3.5÷0.7　④ □ 7.7÷1.1

28

121

2.7÷0.6 の計算で、商は整数で求め、あまりを求めます。

```
        4.
0.6)2.7
    2 4
    0.3
```

商は4です。　4×6＝24
27−24＝3 ですね。
あまりを求めるときは、わられる数の元の小数点をおろし0.3 です。わる数 0.6 より小さいですね。

1 商は整数で求め、あまりも出しましょう。

①
```
        8.
2.7)23.2
    216
    1.6
```
(商8, あまり1.6)

②
```
        6.
3.6)21.8
    216
    0.2
```
(商6, あまり0.2)

2 商は整数で求め、あまりも出しましょう。

①
```
        19.
4.2)80.3
    42
    383
    378
    0.5
```
(商 19, あまり0.5)

②
```
        23.
3.9)89.9
    78
    119
    117
    0.2
```
(商 23, あまり0.2)

3 次の小数の $\frac{1}{100}$ の位を四捨五入して $\frac{1}{10}$ の位までの数にしましょう。

① 4.86 (4.9)　② 3.24 (3.2)

③ 6.41 (6.4)　④ 5.77 (5.8)

29

---

1 商は $\frac{1}{100}$ の位を四捨五入して、$\frac{1}{10}$ の位のがい数にしましょう。

① (1.9)
```
        1.85
2.1)3.9
    21
    180
    168
    120
    105
    15
```

② (2.1)
```
        2.14
2.1)4.5
    42
    30
    21
    90
    84
    6
```

③ (2.2)
```
        2.17
3.5)7.6
    70
    60
    35
    250
    245
    5
```

④ (7.1)
```
        7.11
0.9)6.4
    63
    10
    9
    10
    9
    1
```

2 商は $\frac{1}{100}$ の位を四捨五入して、$\frac{1}{10}$ の位のがい数にしましょう。

① (1.9)
```
        1.85
1.4)2.6
    14
    120
    112
    80
    70
    10
```

② (1.5)
```
        1.52
1.7)2.6
    17
    90
    85
    50
    34
    16
```

③ (2.7)
```
        2.73
3.4)9.3
    68
    250
    238
    120
    102
    18
```

④ (3.1)
```
        3.07
2.7)8.3
    81
    20
    0
    200
    189
    11
```

30

---

1 3.5m の赤いテープ、4.2m の青いテープ、2.8m の黄色いテープがあります。

① 青いテープは、赤いテープの何倍ですか。

式 4.2÷3.5＝1.2　　答え 1.2倍

② 黄色いテープは、赤いテープの何倍ですか。

式 2.8÷3.5＝0.8　　答え 0.8倍

```
        1.2
3.5)4.2
    35
    70
    70
    0
```
```
        0.8
3.5)2.80
    280
    0
```

2 3.5m の赤いテープ、4.5m の青いテープ、2.5m の黄色いテープがあります。

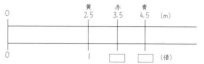

① 赤いテープは、黄色いテープの何倍ですか。

式 3.5÷2.5＝1.4　　答え 1.4倍

② 青いテープは、黄色いテープの何倍ですか。

式 4.5÷2.5＝1.8　　答え 1.8倍

```
        1.4
2.5)3.5
    25
    100
    100
    0
```
```
        1.8
2.5)4.5
    25
    200
    200
    0
```

31

---

1 わりきれるまで計算しましょう。　　(各10点)

① 5.4÷1.2
```
        4.5
1.2)5.4
    48
    60
    60
    0
```

② 0.84÷3.5
```
        0.24
3.5)0.84
    70
    140
    140
    0
```

2 商を四捨五入して、上から2けたのがい数で表しましょう。　　(各10点)

① 4.7÷3.3 (1.4)
```
        1.42
3.3)4.7
    33
    140
    132
    80
    66
    14
```

② 2.5÷5.2 (0.48)
```
        0.480
5.2)2.50
    208
    420
    416
    40
    0
    40
```

3 商は整数で求め、あまりを出しましょう。　　(各10点)

① 53÷8.7
```
        6.
8.7)530
    522
    0.8
```

② 22÷4.7
```
        4.
4.7)220
    188
    3.2
```

4 商がわられる数より大きくなるのはどれですか。
□に○をつけましょう。　　(○1つ10点)

① ○ 8÷0.5　　② □ 15÷1.2

③ □ 4.5÷1.5　　④ ○ 4.2÷0.7

5 たての長さは、横の長さの 0.6 倍で 12cm の長方形をかきます。横の長さは何cmですか。　　(式、答え各10点)

式 12÷0.6＝20

```
        20.
0.6)120
    12
    0
```

答え 20cm

32

122

形も大きさも同じものを集めてみました。

   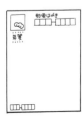

きちんと重ね合わすことのできる2つの図形は **合同** であるといいます。うら返して重なる図形も合同です。

1 合同な図形を見つけましょう。

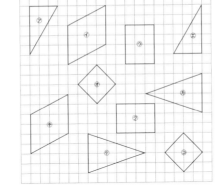

アとエ	イとキ	ウとク
オとコ	カとケ	

33

---

1 次の2つの三角形は合同です。重なりあうちょう点、辺、角をそれぞれ **対応するちょう点、対応する辺、対応する角** といいます。対応するちょう点、辺、角をいいましょう。

① ちょう点Aと　**ちょう点D**

② ちょう点Bと　**ちょう点E**

③ ちょう点Cと　**ちょう点F**

④ 辺ABと　**辺DE**　⑤ 辺BCと　**辺EF**

⑥ 辺CAと　**辺FD**　⑦ 角アと　**角カ**

⑧ 角イと　**角キ**　⑨ 角ウと　**角ク**

※合同な図形では、対応する辺の長さは等しく、対応する角の大きさも等しくなっています。

2 次の図は、対応する辺の長さが等しい2つの三角形です。この2つの三角形は合同といえますか。

答え　　**いえる**

3 次の図は、角アと角カ、角イと角キ、角ウと角クが等しい2つの三角形です。この2つの三角形は、合同といえますか。

答え　　**いえない**

34

---

1 次の2つの四角形は合同です。対応するちょう点、辺、角をいいましょう。

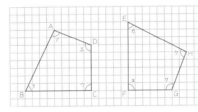

① ちょう点Aと　**ちょう点H**

② ちょう点Bと　**ちょう点E**

③ ちょう点Cと　**ちょう点F**

④ ちょう点Dと　**ちょう点G**

⑤ 辺ABと　**辺HE**　⑥ 辺BCと　**辺EF**

⑦ 辺CDと　**辺FG**　⑧ 辺ADと　**辺HG**

⑨ 角アと　**角ケ**　⑩ 角イと　**角カ**

⑪ 角ウと　**角キ**　⑫ 角エと　**角ク**

2 次の図は、対応する辺の長さが等しい2つの四角形です。この2つの四角形は、合同といえますか。

答え　　**いえない**

3 次の図は、対応する角も対応する辺も等しい2つの四角形です。この2つの四角形は、合同といえますか。

答え　　**いえる**

35

3辺の長さが決まっている三角形

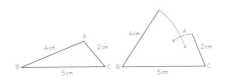

1 Bを中心にして、半径4cmの円をかく。
2 Cを中心にして、半径2cmの円をかく。その交点がA。

1 3辺が5cm、6cm、4cmの三角形をかきましょう。

2辺の長さと、その間の角が決まっている三角形

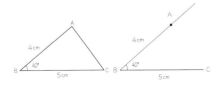

1 点Bの角を40°として直線をひく。
2 Bから4cmの長さをはかる。その点がA。

2 2辺が4cm、6cmで、その間の角が50°の三角形をかきましょう。

36

123

6 合同な図形 ⑤

学習日　月　日　名前

色をぬろう わからない だいたいできた できた！

1辺の長さと、その両はしの角が決まっている三角形

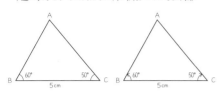

1　点Bの角を60°として直線をひく。
2　点Cの角を50°で直線をひく。その交点がA。

1 1辺が6cmで、両はしの角が70°と40°の三角形をかきましょう。

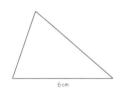

2 合同な四角形をかくには、4つの辺の長さと対角線の長さがわかればかけます。
（対角線で2つの三角形に分けます）
　次の四角形（図はちぢめてあります）と合同な四角形をかきましょう。

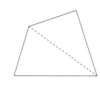

37

---

6 合同な図形 ⑥ まとめ

学習日　月　日　名前

合格 80〜100点　　点

1 三角形あと三角形いは合同です。　　（各8点）

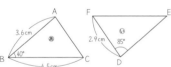

① 点Aに対応する三角形いの点はどこですか。
（ 点D ）

② 点Fに対応する三角形あの点はどこですか。
（ 点C ）

③ 辺DEの長さは何cmですか。
（ 3.6cm ）

④ 辺ACの長さは何cmですか。
（ 2.9cm ）

⑤ 角Eの大きさは何度ですか。
（ 40° ）

2 次の三角形をかきましょう。　　（各20点）

① 辺の長さが4cm、5cm、7cm

② 辺の長さが5cm、5cm、その間の角が30°

③ 辺の長さが6cm、両端の角度が40°と50°

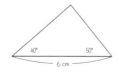

38

---

7 図形の角 ①

学習日　月　日　名前

色をぬろう わからない だいたいできた できた！

1 三角形の3つの角の大きさをはかり、その和を求めましょう。

⑦	100°
⑦	50°
⑦	30°
⑦＋⑦＋⑦	180°

※ 平行線あ、いの性質より、⑦と⑦は、それぞれ右側の⑦と⑦と同じ角度にうつります。
これより ⑦＋⑦＋⑦＝180° です。

⑦	70°
⑦	30°
⑦	80°
⑦＋⑦＋⑦	180°

※ 平行線あ、いの性質より、⑦と⑦は、それぞれ上側の⑦と⑦と同じ角度にうつります。
これより ⑦＋⑦＋⑦＝180° です。

三角形の3つの角の大きさの和はいつでも180°です。

2 次の角⑦、角⑦、角⑦は何度ですか。

⑦	85°
⑦	135°
⑦	140°

3 次の角度を求めましょう。

①

式
180−(70+65)
＝180−135
＝45
⑦　45°

②

式
180−(70+50)
＝180−120
＝60
⑦　60°

39

---

7 図形の角 ②

学習日　月　日　名前

色をぬろう わからない だいたいできた できた！

1 四角形の4つの角の大きさの和を求めましょう。

① 対角線を1本ひくと、2つの三角形になります。三角形の3つの角の大きさの和は180°なので、四角形の4つの角の大きさの和は

式 180×2＝360

答え　360°

② 角度をはかって和を求めます。

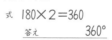

⑦	100°
⑦	60°
⑦	70°
⑦	130°
⑦＋⑦＋⑦＋⑦	360°

四角形の4つの角の大きさの和は 360° です。

2 次の四角形の角度を求めましょう。

①

式
360−(80+70+90)
＝360−240
＝120
⑦　120°

②

式
360−(50+150+120)
＝360−320
＝40
⑦　40°

③

式
360−(60+90+70)
＝360−220
＝140
⑦　140°

④

式　180−120＝60
360−(70+60+110)
＝360−240
＝120
⑦　120°

40

124

7 図形の角 ③

学習日　月　日　名前

色をぬろう　わからない　だいたいできた　できた!

■1 五角形の５つの角の大きさの和を、図を見て求めましょう。

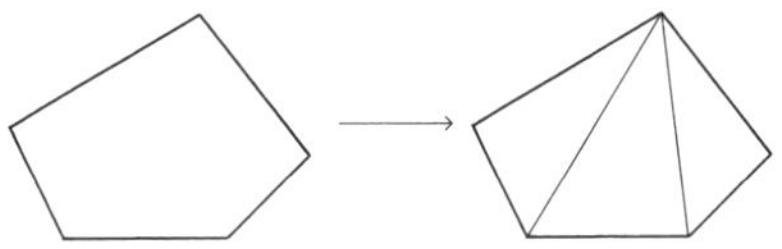

３つの三角形に分けられます。

式 180×３＝540

答え　540°

■2 六角形の６つの角の大きさの和を求めましょう。

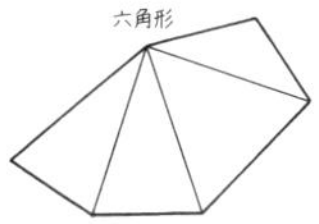

式 180×４＝720

答え　720°

三角形や四角形、五角形のように、直線で囲まれた図形を **多角形** といいます。

■3 多角形の角の大きさの和を表にまとめましょう。

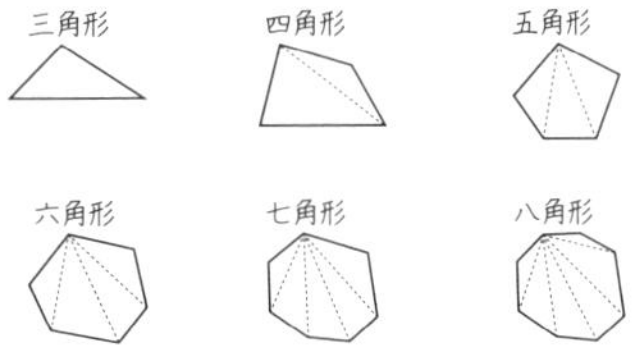

	三角形	四角形	五角形
三角形の数	1	2	3
角の大きさの和	180°	360°	540°
	六角形	七角形	八角形
三角形の数	4	5	6
角の大きさの和	720°	900°	1080°

8 倍数と約数 ①

学習日　月　日　名前

色をぬろう　わからない　だいたいできた　できた!

■1 高さ３cmのチョコレートの箱を積んでいきます。

① 箱の数と高さの関係を表にまとめましょう。

箱の数（個）	1	2	3	4	5	6
箱の高さ（cm）	3	6	9	12	15	18

② 箱の高さを表す数は、どんなきまりでならんでいますか。

答え　3に整数をかけた数になっている

※ ３に整数をかけてできる数を３の **倍数** といいます。例えば　3×1，3×2，3×3，……の数をいいます。

■2 高さ４cmのクッキーの箱を積んでいきます。

① 箱の数と高さの関係を表にまとめましょう。

箱の数（個）	1	2	3	4	5	6
箱の高さ（cm）	4	8	12	16	20	24

② 箱の高さは、何の倍数になっていますか。

答え　4の倍数

③ 箱を10個積むと、高さは何cmになりますか。

答え　40cm

■3 色紙を１人に５まいずつ配っていきます。

① 人数と必要な色紙のまい数の関係を表にしましょう。

人数（人）	1	2	3	4	5	6
色紙の数（まい）	5	10	15	20	25	30

② 色紙の数は、何の倍数ですか。

答え　5の倍数

③ 12人に配ると、色紙は何まいになりますか。

答え　60まい

■4 次の数の倍数を、小さい方から順に５つかきましょう。

① 6の倍数　6　12　18　24　30

② 7の倍数　7　14　21　28　35

③ 8の倍数　8　16　24　32　40

④ 9の倍数　9　18　27　36　45

8 偶数と奇数

学習日　月　日　名前

色をぬろう　わからない　だいたいできた　できた!

■1 １から20までの整数をAとBの２つのグループに分けます。１から小さい順にA、B、A、B…と分けてかきましょう。

A	1	3	5	7	9	11	13	15	17	19
B	2	4	6	8	10	12	14	16	18	20

① Aの数を２でわってみましょう。

1÷2＝0あまり1，3÷2＝1あまり1，
5÷2＝2あまり1，7÷2＝3あまり1

② Bの数を２でわってみましょう。

2÷2＝1，4÷2＝2，
6÷2＝3，8÷2＝4

※ ２でわり切れない整数を **奇数**（きすう） といいます。Aのグループの数は奇数です。
２でわり切れる整数を **偶数**（ぐうすう） といいます。Bのグループの数は偶数です。０は偶数とします。

■2 次の整数を偶数と奇数に分けましょう。

0　19　36　48　53　304　407　661

偶数　0, 36, 48, 304　　奇数　19, 53, 407, 661

■3 ３のだん、７のだん、６のだんのかけ算九九の答えをかいて、偶数に○をつけましょう。

① ３のだんの九九の答え（3×1〜3×9）。

3, (6), 9, (12), 15, (18), 21, (24), 27

② ７のだんの九九の答え（7×1〜7×9）。

7, (14), 21, (28), 35, (42), 49, (56), 63

③ ６のだんの九九の答え（6×1〜6×9）。

(6), (12), (18), (24), (30), (36), (42), (48), (54)

■4 偶数か奇数かを□にかきましょう。

① 偶数×偶数＝ 偶数

② 偶数×奇数＝ 偶数

③ 奇数×奇数＝ 奇数

④ 偶数＋偶数＝ 偶数

⑤ 偶数＋奇数＝ 奇数

⑥ 奇数＋奇数＝ 偶数

8 倍数と約数 ②

学習日　月　日　名前

色をぬろう　わからない　だいたいできた　できた!

■1 数直線の数で、次の倍数に○をつけましょう。

① 2の倍数

1 (2) 3 (4) 5 (6) 7 (8) 9 (10) 11 (12) 13 (14) 15 (16) 17 (18) 19 (20) 21 (22) 23 (24)

② 3の倍数

1 2 (3) 4 5 (6) 7 8 (9) 10 11 (12) 13 14 (15) 16 17 (18) 19 20 (21) 22 23 (24)

③ ２の倍数と３の倍数に共通な数を、２と３の **公倍数** といいます。２と３の公倍数を求めましょう。

答え　6, 12, 18, 24

■2 数直線の数で、次の倍数に○をつけましょう。

① 2の倍数

1 (2) 3 (4) 5 (6) 7 (8) 9 (10) 11 (12) 13 (14) 15 (16) 17 (18) 19 (20) 21 (22) 23 (24)

② 4の倍数

1 2 3 (4) 5 6 7 (8) 9 10 11 (12) 13 14 15 (16) 17 18 19 (20) 21 22 23 (24)

③ ２と４の公倍数をかきましょう。

答え　4, 8, 12, 16, 20, 24

■3 数直線の数で、次の倍数に○をつけましょう。

① 4の倍数

1 2 3 (4) 5 6 7 (8) 9 10 11 (12) 13 14 15 (16) 17 18 19 (20) 21 22 23 (24)

② 6の倍数

1 2 3 4 5 (6) 7 8 9 10 11 (12) 13 14 15 16 17 (18) 19 20 21 22 23 (24)

③ ４と６の公倍数をかきましょう。

答え　12, 24

④ 公倍数の中で、もっとも小さい数を **最小公倍数** といいます。４と６の最小公倍数をかきましょう。

答え　12

■4 次の数の最小公倍数をかきましょう。

① 2と3

答え　6

② 2と4

答え　4

最小公倍数の見つけ方（1）
　大きい方の数の倍数を、小さい方の数でわり、最初にわり切れる整数です。

（2，3）型……2つの数をかける
　3の倍数　3　⑥　9　12　…
　2でわる　×　○　×　○

（2，4）型……一方が他方の倍数
　4の倍数　④　8　12　16　…
　2でわる　○　○　○　○

（4，6）型……かけ算とわり算で求める
　6の倍数　6　⑫　18　24　…
　4でわる　×　○　×　○

１　（　）の中の数の公倍数を小さい方から順に3つかきましょう。
① （3，4）　12　24　36
② （4，8）　8　16　24
③ （4，10）　20　40　60

２　（　）の中の数の最小公倍数をかきましょう。
① （4，5）　20　② （7，4）　28
③ （5，10）　10　④ （12，4）　12
⑤ （6，9）　18　⑥ （15，10）　30

最小公倍数の見つけ方（2）　「組み立てわり算」
　（4，6）なら下のようにかきます。
　4) 6　←　のさかさまですね

4も6も2でわり切れますから、2とかいて、わります。
なる→ 2) 4　6
　　　　 2　3　←商

ななめにかけると（たすきがけ）最小公倍数です。
2) 4　6
　 2　3　　2×6=12 または 3×4=12

45

１　（　）の中の数の最小公倍数をかきましょう。
① （8，9）　72
② （5，9）　45
③ （5，15）　15
④ （6，18）　18
⑤ （5，3）　15
⑥ （10，3）　30
⑦ （20，5）　20
⑧ （10，30）　30
⑨ （6，36）　36
⑩ （42，7）　42

２　（　）の中の数の最小公倍数を、「組み立てわり算」を使って求めましょう。

① （6，15）
3) 6　15
　 2　 5
　　30

② （15，9）
3) 15　9
　 5　 3
　　45

③ （6，8）
2) 6　8
　 3　4
　　24

④ （9，12）
3) 9　12
　 3　4
　　36

⑤ （12，15）
3) 12　15
　 4　 5
　　60

⑥ （10，12）
2) 10　12
　 5　 6
　　60

46

１　12本の花を、同じ数ずつ花びんに分けます。花びんの数が何個なら、あまりが出ないように分けられますか。花びんの数が少ない順に調べましょう。あまりが出ないものに○をしましょう。

花びんの数	1	2	3	4	5	6
あまりなし	○	○	○	○		○
花びんの数	7	8	9	10	11	12
あまりなし						○

※ 12をわり切ることのできる整数を12の 約数 といいます。

２　次の数の約数を○でかこみましょう。

6　①②③4 5⑥
7　①2 3 4 5 6⑦
8　①2 3④5 6 7⑧
9　①2③4 5 6 7 8⑨
10　①②3 4⑤6 7 8 9⑩
11　①2 3 4 5 6 7 8 9 10⑪
12　①②③④5⑥7 8 9 10 11⑫
13　①2 3 4 5 6 7 8 9 10 11 12⑬
14　①②3 4 5 6⑦8 9 10 11 12 13⑭
15　①2③4⑤6 7 8 9 10 11 12 13 14⑮

３　12の約数と18の約数を○でかこみましょう。
① 12の約数　①②③④5 6 7 8 9 10 11⑫
② 18の約数　①②③4 5⑥7 8⑨10 11 12 13 14 15 16 17⑱
③ 12と18の共通な約数を 公約数 といいます。12と18の公約数をかきましょう。
　　　　　　答え　1，2，3，6

４　次の2つの数の公約数をかきましょう。
① 2と3　1　② 5と4　1
③ 4と8　1，2，4　④ 15と5　1，5
⑤ 8と16　1，2，4，8　⑥ 8と12　1，2，4
⑦ 16と12　1，2，4　⑧ 15と20　1，5

47

12と18の公約数は、1，2，3，6です。公約数の中でもっとも大きい数を 最大公約数 といいます。
12と18の最大公約数は6です。

12の約数 → 1　2　3　4　⑥　12
18の約数 → 1　2　3　⑥　9　18

最大公約数の見つけ方　「組み立てわり算」
どちらも2でわれる → 2) 12　18
どちらも3でわれる → 3) 6　 9
　　　　　　　　　　　 2　 3
（6) 12　18
　　 2　 3　）　はじめから6でわることができる
2×3=6 → 最大公約数

１　最大公約数を求めましょう。

① 2) 10　18
　　 5　 9
　　　2

② 3) 12　15
　　 4　 5
　　　3

③ 7) 14　21
　　 2　 3
　　　7

④ 2) 12　20
　　2) 6　 10
　　　 3　 5
　　　2×2=4
　　　　4

２　（　）の中の数の最大公約数をかきましょう。

① （4，12）
4) 4　12
　 1　 3
　　4

② （5，15）
5) 5　15
　 1　 3
　　5

③ （14，21）
7) 14　21
　 2　 3
　　7

④ （15，20）
5) 15　20
　 3　 4
　　5

⑤ （16，20）
4) 16　20
　 4　 5
　　4

⑥ （12，30）
6) 12　30
　 2　 5
　　6

⑦ （18，45）
9) 18　45
　 2　 5
　　9

⑧ （16，40）
8) 16　40
　 2　 5
　　8

48

8 倍数と約数 ⑦

学習日 月 日　名前

色をぬろう わからない／だいたいできた／できた

1 長さ120mの直線上に、8mおきに赤旗を、6mおきに青旗を立てます。
はじめに赤旗と青旗が重なるのは何mのところですか。

$$2\,)\overline{\begin{array}{cc} 8 & 6 \\ 4 & 3 \end{array}}$$

答え　24m

2 たてが15cm、横が20cmのタイルを、すきまなくしきつめ、できるだけ小さい正方形を作ります。

① 正方形の1辺は何cmですか。

$$5\,)\overline{\begin{array}{cc} 15 & 20 \\ 3 & 4 \end{array}}$$

答え　60cm

② タイルは何まいいりますか。

答え　12まい

3 みんみんぜみ8ひきとあぶらぜみ20ぴきを、それぞれ同じ数ずつ虫かごに入れます。どちらもあまりなく分けられる最大の虫かごの数は何個ですか。また、それぞれのせみは何びきずつですか。

$$4\,)\overline{\begin{array}{cc} 8 & 20 \\ 2 & 5 \end{array}}$$

かご　4 個

みんみんぜみ　2 ひき

あぶらぜみ　5 ひき

4 たて27cm、横36cmの長方形の中に、すきまなくしきつめられる最大の正方形の1辺の長さは何cmですか。また、その正方形が何まいでしきつめられますか。

$$9\,)\overline{\begin{array}{cc} 27 & 36 \\ 3 & 4 \end{array}}$$

1辺の長さ　9 cm

まい数　12まい

49

---

 9 分数・小数・整数 ①

学習日 月 日　名前

色をぬろう わからない／だいたいできた／できた

1 □にあてはまる数を分数でかきましょう。

① 2Lの水を3等分する。

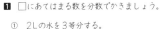

$$2 \div 3 = \frac{2}{3}$$

② 3mのテープを4等分する。

$$3 \div 4 = \frac{3}{4}$$

わり算の商は、わられる数⑦を分子、わる数⑦を分母とする分数で表すことができます。

$$⑦ \div ⑦ = \frac{⑦}{⑦}$$

2 □にあてはまる数をかきましょう。

① $\frac{5}{8} = 5 \div \boxed{8}$　② $\frac{7}{10} = \boxed{7} \div 10$

3 わり算の商を分数で表しましょう。

① $3 \div 7 = \frac{3}{7}$　② $5 \div 9 = \frac{5}{9}$

③ $9 \div 7 = \frac{9}{7}$　④ $8 \div 3 = \frac{8}{3}$

⑤ $7 \div 9 = \frac{7}{9}$　⑥ $3 \div 8 = \frac{3}{8}$

⑦ $9 \div 5 = \frac{9}{5}$　⑧ $7 \div 3 = \frac{7}{3}$

⑨ $11 \div 8 = \frac{11}{8}$　⑩ $12 \div 7 = \frac{12}{7}$

4 2mのリボンを5人で等分しました。1人分は何mになりますか。分数で答えましょう。

式 $2 \div 5 = \frac{2}{5}$

答え　$\frac{2}{5}$m

50

---

 9 分数・小数・整数 ②

学習日 月 日　名前

色をぬろう わからない／だいたいできた／できた

1 7mのテープをもとにすると、①〜⑤のテープは、7mのテープの何倍ですか。□にあてはまる分数をかきましょう。

7m

① 6m　$\frac{6}{7}$ 倍

② 11m　$\frac{11}{7}$ 倍

③ 3m　$\frac{3}{7}$ 倍

④ 15m　$\frac{15}{7}$ 倍

⑤ 5m　$\frac{5}{7}$ 倍

$\frac{6}{7}$倍や$\frac{11}{7}$倍のように、何倍かを表すときにも分数を用いることがあります。

2 5mのロープをもとにすると、①〜④のロープは、5mのロープの何倍ですか。□にあてはまる分数をかきましょう。

5m　　　　　　　　　分数

① 3m　$\frac{3}{5}$ 倍

② 14m　$\frac{14}{5}$ 倍

③ 2m　$\frac{2}{5}$ 倍

④ 8m　$\frac{8}{5}$ 倍

3 親ねこの体重は5kgで、子ねこの体重は2kgです。親ねこの体重は子ねこの体重の何倍ですか。分数で答えましょう。

式 $5 \div 2 = \frac{5}{2}$

答え　$\frac{5}{2}$ 倍

51

---

 9 分数・小数・整数 ③

学習日 月 日　名前

色をぬろう わからない／だいたいできた／できた

1 4mのテープを5等分します。
1本の長さは何mですか。□にあてはまる数をかきましょう。

分数で表すと $4 \div 5 = \frac{4}{5}$ mです。

小数で表すと $4 \div 5 = 0.8$ mです。

※ $\frac{4}{5}$ や0.8を数直線の上にかくと、次のようになります。

2 下の数直線の□にあてはまる分数をかきましょう。

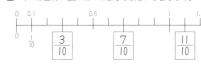

$\frac{3}{10}$　$\frac{7}{10}$　$\frac{11}{10}$

3 下の数直線の□にあてはまる分数をかきましょう。

$\frac{4}{100}$　$\frac{9}{100}$　$\frac{12}{100}$

小数は 10 や 100 などを分母とする分数で表すこともできます。

4 次の数を数直線の上に↑で表しましょう。

⑦ 0.15　④ $\frac{6}{10}$　⑦ $\frac{3}{4}$

④ 1.2　⑦ $\frac{95}{100}$　⑦ 0.4

52

9 分数・小数・整数 ④

学習日 月 日　**名前**

色をぬろう わからない／だいたい／できた！

1 次の分数を小数で表します。□にあてはまる数をかきましょう。

① $\dfrac{3}{5}$ = 3 ÷ 5 = 0.6

② $\dfrac{7}{5}$ = 7 ÷ 5 = 1.4

③ $\dfrac{3}{4}$ = 3 ÷ 4 = 0.75

```
        0.7 5
   4)3 0
     2 8
       2 0
       2 0
         0
```

2 0.1を分数で表すと $\dfrac{1}{10}$、0.01を分数で表すと $\dfrac{1}{100}$ でした。$\dfrac{1}{10}$ や $\dfrac{1}{100}$ を使うと、かんたんに小数を分数に表すことができます。次の小数を分数で表しましょう。

① 0.7 = $\dfrac{7}{10}$ 　② 1.2 = $\dfrac{12}{10}$

③ 0.03 = $\dfrac{3}{100}$ 　④ 0.41 = $\dfrac{41}{100}$

3 整数を分数で表します。□にあてはまる数をかきましょう。

① 3 = 3 ÷ 1 = $\dfrac{3}{1}$

② 3 = 6 ÷ 2 = $\dfrac{6}{2}$

③ 4 = 12 ÷ 3 = $\dfrac{12}{3}$

④ 4 = 8 ÷ 2 = $\dfrac{8}{2}$

整数は1を分母とする分数や、分子が分母でわりきれる分数で表すことができます。

4 どちらが大きいですか。□に不等号をかきましょう。

① $\dfrac{6}{8}$ $>$ 0.7 　② $\dfrac{5}{9}$ $<$ 0.6

③ 1.8 $<$ $1\dfrac{5}{6}$ 　④ $2\dfrac{3}{4}$ $>$ 2.7

53

10 等しい分数 ②

学習日 月 日　**名前**

色をぬろう わからない／だいたい／できた！

分数の分母と分子を、それらの公約数でわって、分母の小さい分数にすることを、**約分** といいます。

$\dfrac{4}{6}$ は、分母、分子を2でわる。$\dfrac{4^2}{6_3}$ = $\dfrac{2}{3}$

$\dfrac{12}{18}$ は、分母、分子を2でわる。$\dfrac{12^6}{18_9}$

さらに3でわる。$\dfrac{12^{2}}{18_{3}}$ = $\dfrac{2}{3}$

$\dfrac{12}{18}$ は、分母、分子を6でわる。$\dfrac{12^2}{18_3}$ = $\dfrac{2}{3}$

1 約分しましょう。□に数をかきましょう。

① $\dfrac{6}{10}$ = $\dfrac{3}{5}$ 　② $\dfrac{6}{9}$ = $\dfrac{2}{3}$

③ $\dfrac{6}{14}$ = $\dfrac{3}{7}$ 　④ $\dfrac{9}{12}$ = $\dfrac{3}{4}$

⑤ $\dfrac{14}{21}$ = $\dfrac{2}{3}$ 　⑥ $\dfrac{8}{12}$ = $\dfrac{2}{3}$

2 約分しましょう。

① $\dfrac{4}{10}$ = $\dfrac{2}{5}$ 　② $\dfrac{6}{15}$ = $\dfrac{2}{5}$

③ $\dfrac{21}{28}$ = $\dfrac{3}{4}$ 　④ $\dfrac{15}{25}$ = $\dfrac{3}{5}$

⑤ $\dfrac{12}{20}$ = $\dfrac{3}{5}$ 　⑥ $\dfrac{12}{30}$ = $\dfrac{2}{5}$

⑦ $\dfrac{12}{18}$ = $\dfrac{2}{3}$ 　⑧ $\dfrac{18}{24}$ = $\dfrac{3}{4}$

⑨ $\dfrac{18}{45}$ = $\dfrac{2}{5}$ 　⑩ $\dfrac{18}{30}$ = $\dfrac{3}{5}$

⑪ $\dfrac{36}{63}$ = $\dfrac{4}{7}$ 　⑫ $\dfrac{28}{49}$ = $\dfrac{4}{7}$

55

10 等しい分数 ①

学習日 月 日　**名前**

色をぬろう わからない／だいたい／できた！

図は分数の数直線です。

0 ─── $\dfrac{1}{2}$ ───

0 ── $\dfrac{1}{3}$ ──

0 ─ $\dfrac{1}{4}$ ─

0 ─ $\dfrac{1}{5}$ ─

0 ─ $\dfrac{1}{6}$ ─

0 ─ $\dfrac{1}{7}$ ─

0 ─ $\dfrac{1}{8}$ ─

0 ─ $\dfrac{1}{9}$ ─

0 ─ $\dfrac{1}{10}$ ─

1 分数の数直線を見て、次の分数と大きさが等しい分数を見つけましょう。

① $\dfrac{1}{2}$ = $\dfrac{2}{4}$ = $\dfrac{3}{6}$ = $\dfrac{4}{8}$ = $\dfrac{5}{10}$

② $\dfrac{1}{4}$ = $\dfrac{2}{8}$

③ $\dfrac{2}{3}$ = $\dfrac{4}{6}$ = $\dfrac{6}{9}$

④ $\dfrac{3}{5}$ = $\dfrac{6}{10}$

分数は、分母と分子に同じ数をかけても、分母と分子を同じ数でわっても、大きさは変わりません。

2 次の分数と同じ大きさの分数を2つかきましょう。

① $\dfrac{3}{4}$ = $\dfrac{6}{8}$ = $\dfrac{9}{12}$

② $\dfrac{2}{5}$ = $\dfrac{4}{10}$ = $\dfrac{6}{15}$

③ $\dfrac{5}{6}$ = $\dfrac{10}{12}$ = $\dfrac{15}{18}$

54

10 等しい分数 ③

学習日 月 日　**名前**

色をぬろう わからない／だいたい／できた！

分母のことなる分数を、大きさを変えないで共通な分母の分数に直すことを **通分** といいます。

通分するときは、分母がもっとも小さくなるようにするため、最小公倍数を分母にします。

〈2つの数をかける型〉（2、3型）…2つの分母の数をかける。

$\dfrac{3}{4}$ と $\dfrac{2}{5}$ 分母4と5の最小公倍数は20

$\dfrac{3}{4}×\dfrac{2}{5}$ → $\dfrac{3×5}{4×5}$, $\dfrac{2×4}{5×4}$ → $\dfrac{15}{20}$, $\dfrac{8}{20}$

1 通分しましょう。

① $\dfrac{1}{2}$, $\dfrac{3}{7}$ → $\dfrac{7}{14}$, $\dfrac{6}{14}$

② $\dfrac{4}{5}$, $\dfrac{7}{9}$ → $\dfrac{36}{45}$, $\dfrac{35}{45}$

③ $\dfrac{7}{9}$, $\dfrac{5}{7}$ → $\dfrac{49}{63}$, $\dfrac{45}{63}$

2 通分しましょう。

① $\dfrac{1}{3}$, $\dfrac{1}{5}$ → $\dfrac{5}{15}$, $\dfrac{3}{15}$

② $\dfrac{1}{9}$, $\dfrac{1}{5}$ → $\dfrac{5}{45}$, $\dfrac{9}{45}$

③ $\dfrac{2}{5}$, $\dfrac{1}{3}$ → $\dfrac{6}{15}$, $\dfrac{5}{15}$

④ $\dfrac{1}{3}$, $\dfrac{4}{7}$ → $\dfrac{7}{21}$, $\dfrac{12}{21}$

⑤ $\dfrac{5}{8}$, $\dfrac{3}{5}$ → $\dfrac{25}{40}$, $\dfrac{24}{40}$

⑥ $\dfrac{3}{4}$, $\dfrac{2}{3}$ → $\dfrac{9}{12}$, $\dfrac{8}{12}$

⑦ $\dfrac{2}{9}$, $\dfrac{3}{4}$ → $\dfrac{8}{36}$, $\dfrac{27}{36}$

⑧ $\dfrac{2}{3}$, $\dfrac{7}{10}$ → $\dfrac{20}{30}$, $\dfrac{21}{30}$

56

〈一方の数にあわせる型〉（2、4型）…大きい方の分母にあわせる。

$\frac{3}{4}$ と $\frac{5}{8}$　分母4と8の最小公倍数は8

$\frac{3}{4}, \frac{5}{8} \rightarrow \frac{3\times2}{4\times2}, \frac{5}{8} \rightarrow \frac{6}{8}, \frac{5}{8}$

1 通分しましょう。

① $\frac{1}{2}, \frac{5}{6} \rightarrow \frac{3}{6}, \frac{5}{6}$

② $\frac{5}{6}, \frac{7}{12} \rightarrow \frac{10}{12}, \frac{7}{12}$

③ $\frac{3}{4}, \frac{7}{12} \rightarrow \frac{9}{12}, \frac{7}{12}$

④ $\frac{4}{5}, \frac{3}{10} \rightarrow \frac{8}{10}, \frac{3}{10}$

⑤ $\frac{2}{3}, \frac{1}{6} \rightarrow \frac{4}{6}, \frac{1}{6}$

2 通分しましょう。

① $\frac{1}{2}, \frac{1}{8} \rightarrow \frac{4}{8}, \frac{1}{8}$

② $\frac{1}{2}, \frac{1}{4} \rightarrow \frac{2}{4}, \frac{1}{4}$

③ $\frac{1}{18}, \frac{2}{9} \rightarrow \frac{1}{18}, \frac{4}{18}$

④ $\frac{3}{5}, \frac{8}{15} \rightarrow \frac{9}{15}, \frac{8}{15}$

⑤ $\frac{5}{12}, \frac{2}{3} \rightarrow \frac{5}{12}, \frac{8}{12}$

⑥ $\frac{5}{12}, \frac{1}{4} \rightarrow \frac{5}{12}, \frac{3}{12}$

⑦ $\frac{4}{9}, \frac{2}{3} \rightarrow \frac{4}{9}, \frac{6}{9}$

⑧ $\frac{7}{12}, \frac{1}{3} \rightarrow \frac{7}{12}, \frac{4}{12}$

57

〈その他の型〉（4、6型）…分母どうしをかけないし大きい方の分母にもあわせない型。

$\frac{3}{4}$ と $\frac{5}{6}$　分母4と6の最小公倍数は12

$\frac{3}{4}, \frac{5}{6} \rightarrow \frac{3\times3}{4\times3}, \frac{5\times2}{6\times2} \rightarrow \frac{9}{12}, \frac{10}{12}$

2)4×6 / 2×3　分母は4×3、6×2の12

1 通分しましょう。

① $\frac{5}{6}, \frac{1}{8} \rightarrow \frac{20}{24}, \frac{3}{24}$

② $\frac{7}{12}, \frac{1}{8} \rightarrow \frac{14}{24}, \frac{3}{24}$

③ $\frac{5}{12}, \frac{7}{18} \rightarrow \frac{15}{36}, \frac{14}{36}$

2 通分しましょう。

① $\frac{1}{9}, \frac{1}{6} \rightarrow \frac{2}{18}, \frac{3}{18}$

② $\frac{1}{10}, \frac{1}{15} \rightarrow \frac{3}{30}, \frac{2}{30}$

③ $\frac{1}{8}, \frac{3}{10} \rightarrow \frac{5}{40}, \frac{12}{40}$

④ $\frac{3}{10}, \frac{5}{12} \rightarrow \frac{18}{60}, \frac{25}{60}$

⑤ $\frac{1}{12}, \frac{1}{18} \rightarrow \frac{3}{36}, \frac{2}{36}$

⑥ $\frac{5}{16}, \frac{7}{12} \rightarrow \frac{15}{48}, \frac{28}{48}$

⑦ $\frac{5}{14}, \frac{1}{4} \rightarrow \frac{10}{28}, \frac{7}{28}$

⑧ $\frac{9}{20}, \frac{8}{15} \rightarrow \frac{27}{60}, \frac{32}{60}$

58

1 キにゅうが、⑦の容器に$\frac{1}{2}$L、⑦の容器に$\frac{1}{3}$L入っています。あわせると何Lですか。

式 $\frac{1}{2} + \frac{1}{3} = \frac{3}{6} + \frac{2}{6} = \frac{5}{6}$

答え $\frac{5}{6}$L

3 キにゅうが、⑦の容器に$\frac{1}{2}$L、⑦の容器に$\frac{1}{4}$L入っています。あわせると何Lですか。

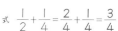

式 $\frac{1}{2} + \frac{1}{4} = \frac{2}{4} + \frac{1}{4} = \frac{3}{4}$

答え $\frac{3}{4}$L

2 次の計算をしましょう。(2, 3)型

① $\frac{2}{5} + \frac{3}{8} = \frac{16}{40} + \frac{15}{40} = \frac{31}{40}$

② $\frac{2}{9} + \frac{1}{4} = \frac{8}{36} + \frac{9}{36} = \frac{17}{36}$

③ $\frac{2}{3} + \frac{1}{7} = \frac{14}{21} + \frac{3}{21} = \frac{17}{21}$

④ $\frac{1}{3} + \frac{3}{8} = \frac{8}{24} + \frac{9}{24} = \frac{17}{24}$

4 次の計算をしましょう。(2, 4)型

① $\frac{2}{9} + \frac{4}{27} = \frac{6}{27} + \frac{4}{27} = \frac{10}{27}$

② $\frac{8}{15} + \frac{1}{3} = \frac{8}{15} + \frac{5}{15} = \frac{13}{15}$

③ $\frac{5}{8} + \frac{1}{4} = \frac{5}{8} + \frac{2}{8} = \frac{7}{8}$

④ $\frac{9}{20} + \frac{1}{5} = \frac{9}{20} + \frac{4}{20} = \frac{13}{20}$

59

1 $\frac{1}{4}$kgのすなと$\frac{1}{6}$kgのすなをあわせると何kgですか。

式 $\frac{1}{4} + \frac{1}{6} = \frac{3}{12} + \frac{2}{12} = \frac{5}{12}$

答え $\frac{5}{12}$kg

2 次の計算をしましょう。(4, 6)型

① $\frac{3}{4} + \frac{3}{14} = \frac{21}{28} + \frac{6}{28} = \frac{27}{28}$

② $\frac{1}{6} + \frac{3}{8} = \frac{4}{24} + \frac{9}{24} = \frac{13}{24}$

③ $\frac{5}{6} + \frac{2}{15} = \frac{25}{30} + \frac{4}{30} = \frac{29}{30}$

④ $\frac{3}{14} + \frac{1}{4} = \frac{6}{28} + \frac{7}{28} = \frac{13}{28}$

3 次の計算をしましょう。

① $\frac{1}{6} + \frac{2}{9} = \frac{3}{18} + \frac{4}{18} = \frac{7}{18}$

② $\frac{3}{4} + \frac{1}{10} = \frac{15}{20} + \frac{2}{20} = \frac{17}{20}$

③ $\frac{1}{12} + \frac{7}{9} = \frac{3}{36} + \frac{28}{36} = \frac{31}{36}$

④ $\frac{1}{6} + \frac{8}{21} = \frac{7}{42} + \frac{16}{42} = \frac{23}{42}$

⑤ $\frac{1}{15} + \frac{3}{10} = \frac{2}{30} + \frac{9}{30} = \frac{11}{30}$

⑥ $\frac{3}{10} + \frac{1}{4} = \frac{6}{20} + \frac{5}{20} = \frac{11}{20}$

⑦ $\frac{1}{8} + \frac{5}{12} = \frac{3}{24} + \frac{10}{24} = \frac{13}{24}$

⑧ $\frac{3}{8} + \frac{1}{6} = \frac{9}{24} + \frac{4}{24} = \frac{13}{24}$

60

11 分数のたし算・ひき算 ③

[例]
$$\frac{3}{10} + \frac{1}{6} = \frac{9}{30} + \frac{5}{30}$$
$$= \frac{\overset{7}{\cancel{14}}}{\underset{15}{\cancel{30}}} = \frac{7}{15} \quad (約分あり)$$

1 次の計算をしましょう。約分できるものは約分しましょう。

① $\frac{13}{30} + \frac{3}{20} = \frac{26}{60} + \frac{9}{60}$
$= \frac{35}{60} = \frac{7}{12}$

② $\frac{1}{10} + \frac{11}{15} = \frac{3}{30} + \frac{22}{30}$
$= \frac{25}{30} = \frac{5}{6}$

③ $\frac{3}{14} + \frac{1}{6} = \frac{9}{42} + \frac{7}{42}$
$= \frac{16}{42} = \frac{8}{21}$

2 次の計算をしましょう。答えは約分しましょう。

① $\frac{1}{15} + \frac{1}{10} = \frac{2}{30} + \frac{3}{30}$
$= \frac{5}{30} = \frac{1}{6}$

② $\frac{3}{10} + \frac{1}{6} = \frac{9}{30} + \frac{5}{30}$
$= \frac{14}{30} = \frac{7}{15}$

③ $\frac{2}{9} + \frac{5}{18} = \frac{4}{18} + \frac{5}{18}$
$= \frac{9}{18} = \frac{1}{2}$

④ $\frac{2}{15} + \frac{5}{12} = \frac{8}{60} + \frac{25}{60}$
$= \frac{33}{60} = \frac{11}{20}$

⑤ $\frac{1}{4} + \frac{5}{12} = \frac{3}{12} + \frac{5}{12}$
$= \frac{8}{12} = \frac{2}{3}$

61

11 分数のたし算・ひき算 ④

1 サラダオイルが $\frac{1}{2}$ L あります。$\frac{1}{3}$ L を使いました。残りは何Lですか。

式 $\frac{1}{2} - \frac{1}{3} = \frac{3}{6} - \frac{2}{6} = \frac{1}{6}$

答え $\frac{1}{6}$ L

3 $\frac{5}{8}$ km²の農場があります。$\frac{1}{4}$ km²は牧草地で、あとは畑です。畑は何km²ありますか。

式 $\frac{5}{8} - \frac{1}{4} = \frac{5}{8} - \frac{2}{8} = \frac{3}{8}$

答え $\frac{3}{8}$ km²

2 次の計算をしましょう。(2, 3) 型

① $\frac{2}{5} - \frac{3}{8} = \frac{16}{40} - \frac{15}{40} = \frac{1}{40}$

② $\frac{3}{5} - \frac{4}{7} = \frac{21}{35} - \frac{20}{35} = \frac{1}{35}$

③ $\frac{5}{9} - \frac{2}{5} = \frac{25}{45} - \frac{18}{45} = \frac{7}{45}$

④ $\frac{5}{7} - \frac{2}{9} = \frac{45}{63} - \frac{14}{63} = \frac{31}{63}$

4 次の計算をしましょう。(2, 4) 型

① $\frac{4}{9} - \frac{1}{3} = \frac{4}{9} - \frac{3}{9} = \frac{1}{9}$

② $\frac{11}{15} - \frac{2}{3} = \frac{11}{15} - \frac{10}{15} = \frac{1}{15}$

③ $\frac{4}{5} - \frac{9}{20} = \frac{16}{20} - \frac{9}{20} = \frac{7}{20}$

④ $\frac{4}{7} - \frac{3}{28} = \frac{16}{28} - \frac{3}{28} = \frac{13}{28}$

62

11 分数のたし算・ひき算 ⑤

1 $\frac{5}{6}$ L の牛にゅうがあります。$\frac{1}{4}$ L 飲むと残りは何Lですか。

式 $\frac{5}{6} - \frac{1}{4} = \frac{10}{12} - \frac{3}{12} = \frac{7}{12}$

答え $\frac{7}{12}$ L

2 次の計算をしましょう。(4, 6) 型

① $\frac{9}{10} - \frac{8}{15} = \frac{27}{30} - \frac{16}{30} = \frac{11}{30}$

② $\frac{5}{6} - \frac{1}{15} = \frac{25}{30} - \frac{2}{30} = \frac{23}{30}$

③ $\frac{9}{10} - \frac{7}{15} = \frac{27}{30} - \frac{14}{30} = \frac{13}{30}$

④ $\frac{1}{4} - \frac{1}{10} = \frac{5}{20} - \frac{2}{20} = \frac{3}{20}$

3 次の計算をしましょう。

① $\frac{1}{4} - \frac{1}{6} = \frac{3}{12} - \frac{2}{12} = \frac{1}{12}$

② $\frac{3}{8} - \frac{3}{10} = \frac{15}{40} - \frac{12}{40} = \frac{3}{40}$

③ $\frac{5}{12} - \frac{1}{8} = \frac{10}{24} - \frac{3}{24} = \frac{7}{24}$

④ $\frac{2}{9} - \frac{1}{6} = \frac{4}{18} - \frac{3}{18} = \frac{1}{18}$

⑤ $\frac{1}{9} - \frac{1}{15} = \frac{5}{45} - \frac{3}{45} = \frac{2}{45}$

⑥ $\frac{3}{10} - \frac{1}{4} = \frac{6}{20} - \frac{5}{20} = \frac{1}{20}$

⑦ $\frac{10}{21} - \frac{3}{14} = \frac{20}{42} - \frac{9}{42} = \frac{11}{42}$

⑧ $\frac{17}{18} - \frac{5}{12} = \frac{34}{36} - \frac{15}{36} = \frac{19}{36}$

63

11 分数のたし算・ひき算 ⑥

[例]
$$\frac{3}{10} - \frac{1}{6} = \frac{9}{30} - \frac{5}{30}$$
$$= \frac{\overset{2}{\cancel{4}}}{\underset{15}{\cancel{30}}} = \frac{2}{15} \quad (約分あり)$$

1 次の計算をしましょう。約分できるものは約分しましょう。

① $\frac{9}{14} - \frac{1}{6} = \frac{27}{42} - \frac{7}{42}$
$= \frac{20}{42} = \frac{10}{21}$

② $\frac{13}{18} - \frac{1}{2} = \frac{13}{18} - \frac{9}{18}$
$= \frac{4}{18} = \frac{2}{9}$

③ $\frac{14}{15} - \frac{1}{10} = \frac{28}{30} - \frac{3}{30}$
$= \frac{25}{30} = \frac{5}{6}$

2 次の計算をしましょう。答えは約分しましょう。

① $\frac{2}{3} - \frac{7}{15} = \frac{10}{15} - \frac{7}{15}$
$= \frac{3}{15} = \frac{1}{5}$

② $\frac{13}{15} - \frac{1}{6} = \frac{26}{30} - \frac{5}{30}$
$= \frac{21}{30} = \frac{7}{10}$

③ $\frac{9}{14} - \frac{1}{2} = \frac{9}{14} - \frac{7}{14}$
$= \frac{2}{14} = \frac{1}{7}$

④ $\frac{5}{6} - \frac{3}{10} = \frac{25}{30} - \frac{9}{30}$
$= \frac{16}{30} = \frac{8}{15}$

⑤ $\frac{8}{15} - \frac{1}{12} = \frac{32}{60} - \frac{5}{60}$
$= \frac{27}{60} = \frac{9}{20}$

64

130

11 分数のたし算・ひき算 ⑦

学習日　月　日　名前　　色をぬろう（わからない／だいたいできた／できた）

1 次の計算をしましょう。約分できるものは約分しましょう。

① $2\frac{1}{6} + \frac{1}{4} = 2\frac{2}{12} + \frac{3}{12}$
$= 2\frac{5}{12}$

② $\frac{2}{9} + 2\frac{1}{4} = \frac{8}{36} + 2\frac{9}{36}$
$= 2\frac{17}{36}$

③ $2\frac{2}{5} + 1\frac{1}{15} = 2\frac{6}{15} + 1\frac{1}{15}$
$= 3\frac{7}{15}$

④ $2\frac{4}{15} + 1\frac{3}{20} = 2\frac{16}{60} + 1\frac{9}{60}$
$= 3\frac{25}{60} = 3\frac{5}{12}$

⑤ $1\frac{1}{2} + 2\frac{1}{6} = 1\frac{3}{6} + 2\frac{1}{6}$
$= 3\frac{4}{6} = 3\frac{2}{3}$

2 次の計算をしましょう。約分できるものは約分しましょう。

① $2\frac{1}{2} + 1\frac{5}{6} = 2\frac{3}{6} + 1\frac{5}{6}$
$= 3\frac{8}{6} = 4\frac{2}{6} = 4\frac{1}{3}$

② $2\frac{7}{12} + 1\frac{9}{20} = 2\frac{35}{60} + 1\frac{27}{60}$
$= 3\frac{62}{60} = 4\frac{2}{60} = 4\frac{1}{30}$

③ $1\frac{5}{6} + 3\frac{1}{2} = 1\frac{5}{6} + 3\frac{3}{6}$
$= 4\frac{8}{6} = 5\frac{2}{6} = 5\frac{1}{3}$

④ $2\frac{1}{2} + 1\frac{2}{3} = 2\frac{3}{6} + 1\frac{4}{6}$
$= 3\frac{7}{6} = 4\frac{1}{6}$

⑤ $1\frac{5}{7} + 2\frac{1}{3} = 1\frac{15}{21} + 2\frac{7}{21}$
$= 3\frac{22}{21} = 4\frac{1}{21}$

65

11 分数のたし算・ひき算 ⑧

学習日　月　日　名前　　色をぬろう（わからない／だいたいできた／できた）

1 次の計算をしましょう。約分できるものは約分しましょう。

① $1\frac{2}{3} - \frac{4}{9} = 1\frac{6}{9} - \frac{4}{9}$
$= 1\frac{2}{9}$

② $3\frac{2}{3} - \frac{1}{2} = 3\frac{4}{6} - \frac{3}{6}$
$= 3\frac{1}{6}$

③ $2\frac{3}{5} - 1\frac{1}{4} = 2\frac{12}{20} - 1\frac{5}{20}$
$= 1\frac{7}{20}$

④ $2\frac{1}{3} - 1\frac{1}{18} = 2\frac{6}{18} - 1\frac{1}{18}$
$= 1\frac{5}{18}$

⑤ $3\frac{5}{12} - 1\frac{1}{6} = 3\frac{5}{12} - 1\frac{2}{12}$
$= 2\frac{3}{12} = 2\frac{1}{4}$

2 次の計算をしましょう。約分できるものは約分しましょう。

① $3\frac{1}{4} - \frac{1}{2} = 3\frac{1}{4} - \frac{2}{4} = 2\frac{5}{4} - \frac{2}{4}$
$= 2\frac{3}{4}$

② $5\frac{1}{4} - \frac{5}{6} = 5\frac{3}{12} - \frac{10}{12} = 4\frac{15}{12} - \frac{10}{12}$
$= 4\frac{5}{12}$

③ $3\frac{1}{6} - \frac{5}{8} = 3\frac{4}{24} - \frac{15}{24} = 2\frac{28}{24} - \frac{15}{24}$
$= 2\frac{13}{24}$

④ $3\frac{1}{5} - 1\frac{3}{4} = 3\frac{4}{20} - 1\frac{15}{20} = 2\frac{24}{20} - 1\frac{15}{20}$
$= 1\frac{9}{20}$

⑤ $4\frac{1}{6} - 1\frac{8}{21} = 4\frac{7}{42} - 1\frac{16}{42} = 3\frac{49}{42} - 1\frac{16}{42}$
$= 2\frac{33}{42} = 2\frac{11}{14}$

66

11 分数のたし算・ひき算 ⑨

学習日　月　日　名前　　色をぬろう（わからない／だいたいできた／できた）

1 兄は午前中に$\frac{1}{6}$時間、午後に$\frac{2}{9}$時間ジョギングをしました。

① あわせて何時間ジョギングをしましたか。

式 $\frac{1}{6} + \frac{2}{9} = \frac{3}{18} + \frac{4}{18} = \frac{7}{18}$

答え $\frac{7}{18}$時間

② 午後の方が何時間長くジョギングをしましたか。

式 $\frac{2}{9} - \frac{1}{6} = \frac{4}{18} - \frac{3}{18} = \frac{1}{18}$

答え $\frac{1}{18}$時間

2 姉は午前中に$\frac{3}{4}$時間、午後に$\frac{5}{6}$時間プールで泳ぎました。

① あわせて何時間泳ぎましたか。

式 $\frac{3}{4} + \frac{5}{6} = \frac{9}{12} + \frac{10}{12} = \frac{19}{12}$

答え $\frac{19}{12}$時間（$1\frac{7}{12}$時間）

② 午後の方が何時間長く泳ぎましたか。

式 $\frac{5}{6} - \frac{3}{4} = \frac{10}{12} - \frac{9}{12} = \frac{1}{12}$

答え $\frac{1}{12}$時間

3 たまねぎが$\frac{5}{9}$kg、じゃがいもが$\frac{5}{6}$kgあります。

① あわせて何kgありますか。

式 $\frac{5}{9} + \frac{5}{6} = \frac{10}{18} + \frac{15}{18} = \frac{25}{18}$

答え $\frac{25}{18}$kg（$1\frac{7}{18}$kg）

② たまねぎよりじゃがいもは何kg多いですか。

式 $\frac{5}{6} - \frac{5}{9} = \frac{15}{18} - \frac{10}{18} = \frac{5}{18}$

答え $\frac{5}{18}$kg

4 なすが$\frac{5}{6}$kg、ピーマンが$\frac{2}{9}$kgあります。

① あわせて何kgありますか。

式 $\frac{5}{6} + \frac{2}{9} = \frac{15}{18} + \frac{4}{18} = \frac{19}{18}$

答え $\frac{19}{18}$kg（$1\frac{1}{18}$kg）

② なすよりピーマンは何kg少ないですか。

式 $\frac{5}{6} - \frac{2}{9} = \frac{15}{18} - \frac{4}{18} = \frac{11}{18}$

答え $\frac{11}{18}$kg

67

11 分数のたし算・ひき算 ⑩ まとめ

学習日　月　日　名前　　合格 80～100点

1 次の分数を約分しましょう。 （各5点）

① $\frac{6}{9} = \frac{2}{3}$　② $\frac{18}{24} = \frac{3}{4}$

③ $\frac{24}{36} = \frac{2}{3}$　④ $\frac{49}{63} = \frac{7}{9}$

2 次の数を通分しましょう。 （各5点）

① $\frac{2}{7}, \frac{3}{5} \longrightarrow \frac{10}{35}, \frac{21}{35}$

② $\frac{3}{4}, \frac{5}{12} \longrightarrow \frac{9}{12}, \frac{5}{12}$

③ $\frac{5}{8}, \frac{1}{6} \longrightarrow \frac{15}{24}, \frac{4}{24}$

④ $\frac{5}{12}, \frac{2}{9} \longrightarrow \frac{15}{36}, \frac{8}{36}$

⑤ $\frac{9}{10}, \frac{14}{15} \longrightarrow \frac{27}{30}, \frac{28}{30}$

3 次の計算をしましょう。 （各10点）

① $\frac{7}{12} + 4\frac{5}{8} = \frac{14}{24} + 4\frac{15}{24}$
$= 4\frac{29}{24} = 5\frac{5}{24}$

② $1\frac{4}{5} + \frac{7}{15} = 1\frac{12}{15} + \frac{7}{15}$
$= 1\frac{19}{15} = 2\frac{4}{15}$

③ $3\frac{3}{8} - \frac{7}{12} = 3\frac{9}{24} - \frac{14}{24} = 2\frac{33}{24} - \frac{14}{24}$
$= 2\frac{19}{24}$

④ $1\frac{1}{2} - \frac{5}{8} = 1\frac{4}{8} - \frac{5}{8} = \frac{12}{8} - \frac{5}{8}$
$= \frac{7}{8}$

4 Aの箱は$\frac{3}{8}$kgでBの箱はAの箱より$\frac{1}{12}$kg軽いそうです。Bの箱の重さは何kgですか。 （式10点、答え5点）

式 $\frac{3}{8} - \frac{1}{12} = \frac{9}{24} - \frac{2}{24} = \frac{7}{24}$

答え $\frac{7}{24}$kg

68

12 平 均 ①

学 習 日	名
月　日	前

色を
ぬろう ☹☺😊 わからない だいたい できた！

いろいろな大きさの数量を、等しい大きさになるようにならしたものを **平均** といいます。

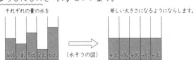

それぞれの水を

（水そう図）

等しい大きさになるようにならします。

平均を求める手順は
① それぞれの数量を合計します。(全体)
　4＋3＋5＋2＋6＝20 (dL)
② 全体の量を5に等しく分けます。
　20÷5＝4 (dL)

1 テストの平均点を水そう図で求めましょう。
北野さんの理科テストは、次の水そう図のとおりです。

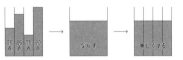

ならす → 等しくする

① 理科テストの合計点は何点ですか。
　式　75＋85＋70＋90＝320
　　　　　　　　答え　**320点**

② 理科テストの平均点は何点ですか。
　式　320÷4＝80
　　　　　　　　答え　**80点**

2 水そう図を見て、⑦全体の量を求め、⑦平均を求めましょう。

式　8＋4＋9＋3＝24
　　　　　　⑦　**24dL**
式　24÷4＝6
　　　　　　⑦　**6dL**

3 竹田さんの野球チームは、5回の試合で次の表のように得点しました。1試合の平均得点は何点ですか。

	1回	2回	3回	4回	5回
得点	4	0	3	6	7

式　4＋0＋3＋6＋7＝20
　　20÷5＝4
　　　　　　　　答え　**4点**

4 さくらさんの算数テスト4回の平均点は95点でした。合計点は何点だったでしょう。

式　95×4＝380
　　　　　　　　答え　**380点**

69

12 平 均 ②

学 習 日	名
月　日	前

色を
ぬろう ☹☺😊 わからない だいたい できた！

1 松原さんは走りはばとびを4回とびました。
結果は、2.6mが2回、2.9mと3.1mが1回ずつでした。平均すると何mですか。

式　2.6＋2.6＋2.9＋3.1＝11.2
　　11.2÷4＝2.8
　　　　　　　　答え　**2.8m**

2 岸本さんは算数テストを4回受け、平均が86点でした。5回目に96点をとると、平均点は何点になりますか。

	1、2、3、4	5
点	86 86 86 86	96

式　86×4＋96＝440
　　440÷5＝88
　　　　　　　　答え　**88点**

3 北小学校の3年は5学級あります。各学級の平均人数は33人です。1組は何人ですか。

組	1	2	3	4	5	平均
人数(人)		32	31	33	35	33

式　32＋31＋33＋35＝131
　　33×5＝165
　　165－131＝34
　　　　　　　　答え　**34人**

4 大原さんは漢字テストを4回受けました。5回の平均点を96点にするには、5回目に何点とればいいですか。

回	1	2	3	4	5	平均
点数	92	93	100	95		96

式　92＋93＋100＋95＝380
　　96×5＝480
　　480－380＝100
　　　　　　　　答え　**100点**

5 うさぎの赤ちゃん4わの体重は平均197gでした。Bのうさぎの体重は何gですか。

うさぎ	A	B	C	D	平均
体重(g)	200		196	202	197

式　200＋196＋202＝598
　　197×4＝788
　　788－598＝190
　　　　　　　　答え　**190g**

6 林さんの家の4月から9月までの水道使用量の平均は29㎥です。6月の使用量は何㎥ですか。

月	4	5	6	7	8	9	平均
使用量(㎥)	28	29		32	28	27	29

式　28＋29＋32＋28＋27＝144
　　29×6＝174
　　174－144＝30
　　　　　　　　答え　**30㎥**

70

13 単位量あたりの大きさ ①

学 習 日	名
月　日	前

色を
ぬろう ☹☺😊 わからない だいたい できた！

1 3つのグループが大きさのちがう部屋に分かれて入りました。どの部屋がこんでいるかを考えましょう。

部屋	たたみの数	部屋の人数
あ	8	12
い	8	10
う	10	12

① たたみの数が同じあといの部屋では、どちらがこんでいますか。
　　　　　答え　**あ**

② 部屋の人数が同じあとうの部屋では、どちらがこんでいますか。
　　　　　答え　**あ**

③ いとうの部屋では、どちらがこんでいるのか、たたみ1まいあたりの人数を求めて比べましょう。

〔いの部屋〕
10	÷	8	=	1.25
人数		たたみの数		

〔うの部屋〕
| 12 | ÷ | 10 | = | 1.2 |

答え　**い** がこんでいる

2 5つの花だんに球根を植えました。どの花だんがこんでいるかを調べましょう。

⑩ 花だんの広さ 10㎡　球根の数 40個
⑪ 花だんの広さ 12㎡　球根の数 60個
⑬ 花だんの広さ 15㎡　球根の数 90個
⑭ 花だんの広さ 12㎡　球根の数 54個
⑮ 花だんの広さ 15㎡　球根の数 78個

花だん1㎡あたりの球根の数を調べて、あ～おの花だんを、こんでいる順にならべましょう。

あ	40	÷	10	=	4
い	60	÷	12	=	5
う	90	÷	15	=	6
え	54	÷	12	=	4.5
お	78	÷	15	=	5.2

答え（ う → お → い → え → あ ）

71

13 単位量あたりの大きさ ②

学 習 日	名
月　日	前

色を
ぬろう ☹☺😊 わからない だいたい できた！

人口密度は、1㎢あたりの人口のことをいいます。

人口密度＝人口÷面積
　　　　　(人)　(㎢)

1 人口75000人、面積が20㎢の都市があります。人口密度を求めましょう。

式　75000÷20＝3750
　　　　　　　　答え　**3750人**

2 次の人口密度を求めましょう。

	人口(人)	面積(㎢)
A町	24100	50
B町	20800	40

① A町の人口密度を求めましょう。
　式　24100÷50＝482
　　　　　　　　答え　**482人**

② B町の人口密度を求めましょう。
　式　20800÷40＝520
　　　　　　　　答え　**520人**

3 北町、南町、東町のそれぞれの人口密度を求め、上から2けたのがい数で表しましょう。

	人口(人)	面積(㎢)
北町	1658	12
南町	11841	22
東町	8110	43

式
北　1658÷12＝138.1
　　　　　140
南　11841÷22＝538.2
　　　　　540
東　8110÷43＝188.6
　　　　　190

北町 **140人**　南町 **540人**　東町 **190人**

4 各国の人口と面積を表した表を見て、人口密度を求め、最もこみあっている国を答えましょう。(小数第1位を四捨五入して、整数で表しましょう。)

	人口(万人)	面積(万㎢)
中 国	138600	959.8
アメリカ	32000	962.9
ロ シ ア	14300	1709.8
日 本	12700	37.8

式
中　138600÷959.8＝144.4
　　　　　144
ア　32000÷962.9＝33.2
　　　　　33
ロ　14300÷1709.8＝8.3
　　　　　8
日　12700÷37.8＝335.9
　　　　　336

答え　**日本**

72

1 3m²の学習園に、216gの肥料をまきました。1m²あたり何gの肥料をまいたことになりますか。

式　216÷3＝72

答え　72g

2 9m²の学習園から、63.9kgのイモがとれました。1m²あたり何kgのイモがとれたことになりますか。

式　63.9÷9＝7.1

答え　7.1kg

3 学習園1m²あたり80gの肥料をまきます。学習園全体にまくには、肥料は4kg必要です。学習園の広さを求めましょう。

式　4000÷80＝50

答え　50m²

4 4mで900円のリボン1mのねだんはいくらですか。

式　900÷4＝225

答え　225円

5 0.8mで160円のリボン1mのねだんはいくらですか。

式　160÷0.8＝200

答え　200円

6 2mで500円のリボンAと、3mで780円のリボンBがあります。1mあたりのねだんで比べると、どちらが高いですか。

リボンA　式　500÷2＝250

リボンB　式　780÷3＝260

答え　リボンB

73

比べる量÷いくつ分＝基準の量

基準の量?	比べる量390kg
1a	いくつ分6a

6a（アール）の田んぼから390kgの米がとれました。1aあたり何kgの米がとれるか調べます。
比べる量が390kg、いくつ分が6aなので

390÷6＝65

基準の量は、1aあたり65kgになります。

1 長さ4mで、重さ140gのはり金があります。1mあたりの重さは何gですか。

式　140÷4＝35

?g	140g
1m	4m

答え　35g

2 3.5mのねだんが4900円のカーテンがあります。このカーテン1mあたりのねだんは何円ですか。

?	4900
1	3.5

（左の図に数をかきましょう。単位や名数は省きます。）

式　4900÷3.5＝1400

答え　1400円

3 15mで1200円のひもがあります。1mあたりのねだんは何円ですか。

?	1200
1	15

式　1200÷15＝80

答え　80円

4 広さ25km²の農村の人口は2000人です。1km²あたりの人口密度は何人ですか。

?	2000
1	25

式　2000÷25＝80

答え　80人

74

基準の量×いくつ分＝比べる量

基準の量125kg	比べる量?
1a	6a

1aあたり125kgのみかんがとれる畑があります。6aからは何kgのみかんがとれるか調べます。
基準の量が1aあたり125kgで、いくつ分が6aなので

125×6＝750

比べる量は750kgになります。

1 1m²あたり4.5dLのペンキを使って、かべをぬります。3m²のかべをぬるには、何dLのペンキが必要ですか。

式　4.5×3＝13.5

4.5dL	?dL
1m²	3m²

答え　13.5dL

2 色紙を1人あたり14まい配ります。35人に配るには、色紙は何まい必要ですか。

14	?
1	35

（左の図に数をかきましょう。単位や名数は省きます。）

式　14×35＝490

答え　490まい

3 1人あたり360円の入園料を集めます。34人分集めると合計何円になりますか。

360	?
1	34

式　360×34＝12240

答え　12240円

4 1aあたり120kgのみかんがとれる畑があります。8.6aの畑からは何kgのみかんがとれますか。

120	?
1	8.6

式　120×8.6＝1032

答え　1032kg

75

比べる量÷基準の量＝いくつ分

基準の量14kg	比べる量84kg
1a	いくつ分?

1aあたり14kgの豆がとれる畑があります。84kgの豆をとるには、何aの畑が必要か調べます。
比べる量が84kgで、基準になる量が1aあたり14kgなので

84÷14＝6

いくつ分は6aになります。

1 ペンキが12dLあります。1m²あたり4dLのペンキをぬると、何m²ぬれますか。

式　12÷4＝3

4dL	12dL
1m²	?m²

答え　3m²

2 1mあたりの重さが6gのはり金が480gあります。このはり金の長さは何mですか。

6	480
1	?

（左の図に数をかきましょう。単位や名数は省きます。）

式　480÷6＝80

答え　80m

3 1cm²の重さが0.8gのアルミニウムの板があります。このアルミニウムの板40gは何cm²ですか。

式　40÷0.8＝50

0.8	40
1	?

答え　50cm²

4 1まいが8円の千代紙を売っています。600円では、この千代紙は何まい買えますか。

式　600÷8＝75

8	600
1	?

答え　75まい

76

13 単位量あたりの大きさ ⑦ まとめ

❶ 6両に780人乗っている電車と8両に960人乗っている
電車があります。どちらがこんでいるといえますか。
(式10点、答え5点)

式　780÷6＝130
　　960÷8＝120

答え　6両に780人乗っている電車

❷ 面積が7km²で、52500人の人が住んでいる町があります。この町の人口密度を求めましょう。
(表2点、式10点、答え5点)

?	52500
1	7

式　52500÷7＝7500

答え　7500人

❸ 0.4mが160円のリボン1mのねだんは何円ですか。
(表2点、式10点、答え5点)

?	160
1	0.4

式　160÷0.4＝400

答え　400円

❹ 8aの田んぼから560kgの米がとれました。
1aあたり何kgの米がとれましたか。
(表2点、式10点、答え5点)

?	560
1	8

式　560÷8＝70

答え　70kg

❺ 1人あたりの面積が6.5m²の広さになる運動場があります。児童数は720人です。運動場の広さは何m²ですか。
(表2点、式10点、答え5点)

6.5	?
1	720

式　6.5×720＝4680

答え　4680m²

❻ 1Lあたり240円の牛にゅうがあります。
1200円では何L買えますか。　(表2点、式10点、答え5点)

240	1200
1	?

式　1200÷240＝5

答え　5L

77

14 速 さ ①

単位時間あたりに進む道のりを 速さ といいます。

道のり÷時間＝速さ

速さ?	道のり
1	時間

❶ 犬は72mを4秒で走りました。
犬の秒速（1秒あたりの速さ）は何mですか。

?m	72m
1秒	4秒

式　72÷4＝18

答え　秒速18m

❷ 馬は72mを6秒で走りました。馬の秒速は何mですか。
（左の図に数をかきましょう。単位や名数は省きます。）

?	72
1	6

式　72÷6＝12

答え　秒速12m

❸ 春山さんは50秒で300m、夏木さんは80秒で500m走ります。それぞれの秒速は何mですか。

?	300
1	50

（春山さん）

式　300÷50＝6

春山　秒速6m

?	500
1	80

（夏木さん）

式　500÷80＝6.25

夏木　秒速6.25m

❹ さけは、海から川をさかのぼるとき、30分で22.5km泳ぎます。このときのさけは1分間に何mの速さでさかのぼりますか。

?	22.5
1	30

式　22.5÷30＝0.75

答え　分速750m

78

14 速 さ ②

速さ×時間＝道のり

速さ	道のり
1	時間

❶ 時速45kmの観光バスは、3時間で何km進みますか。

45km	?km
1時間	3時間

式　45×3＝135

答え　135km

❷ 分速1.8kmで飛ぶことができるハトが1時間（60分）飛ぶと、何kmになりますか。

（左の図に数をかきましょう。単位や名数は省きます。）

1.8	?
1	60

式　1.8×60＝108

答え　108km

❸ チーターは秒速32mで走ります。
7秒走ると、何m進みますか。

32	?
1	7

式　32×7＝224

答え　224m

❹ 馬は秒速12mで走ります。
4分間走ると、何m進みますか。

12	?
1	240

・60×4＝240（秒）
式　12×240＝2880

答え　2880m

❺ 分速0.3kmの自転車が40分間走ると、何km進みますか。

0.3	?
1	40

式　0.3×40＝12

答え　12km

79

14 速 さ ③

道のり÷速さ＝時間

速さ	道のり
1	時間?

❶ 空気中の音の速さは、秒速340mです。今、1360m先の海上で花火が打ち上げられました。音が聞こえるのは何秒後ですか。

340m	1360m
1秒	?秒

式　1360÷340＝4

答え　4秒後

❷ 新神戸から東京まで約588kmあります。
時速210kmののぞみ号は、何時間かかりますか。

（左の図に数をかきましょう。単位や名数は省きます。）

210	588
1	?

式　588÷210＝2.8

答え　2.8時間

❸ 高速道路の東インターから西野インターまでは、280kmです。ここを時速80kmで走ると、何時間かかりますか。

80	280
1	?

式　280÷80＝3.5

答え　3.5時間

❹ 池を1周する遊歩道の長さは900mです。この遊歩道を分速120mの一輪車で走ると、何分かかりますか。

120	900
1	?

式　900÷120＝7.5

答え　7.5分

❺ 秒速7mで走る人は、105m走るのに何秒かかりますか。

7	105
1	?

式　105÷7＝15

答え　15秒

80

学習日 月 日　名前

色を
ぬろう

1 135kmの道のりを走るのに車で3時間かかりました。
　　この車の時速は何kmですか。

?	135
1	3

式　135÷3＝45

答え　**時速45km**

2 かたつむりは分速0.8m進むそうです。
　　10m進むのに何分かかりますか。

0.8	10
1	?

式　10÷0.8＝12.5

答え　**12.5分**

3 打ち上げ花火を見て3.5秒後に音が聞こえました。音速
　　を秒速340mとすると、花火のところまでは何mですか。

340	?
1	3.5

式　340÷3.5＝1190

答え　**1190m**

4 マラソンは、約42kmのきょりを走ります。
　　時速15kmで走ると約何時間かかりますか。

15	42
1	?

式　42÷15＝2.8

答え　**約2.8時間**

5 高速道路を時速75kmで走る自動車は、3.5時間で
　　何km進みますか。

75	?
1	3.5

式　75×3.5＝262.5

答え　**262.5km**

6 モノレールが20kmを25分で走っています。
　　このモノレールの分速は何kmですか。

?	20
1	25

式　20÷25＝0.8

答え　**分速0.8km**

81

学習日 月 日　名前

色を
ぬろう

1 次の表にあてはまる速さをかきましょう。

	秒速	分速	時速
バス	10m	600m	36km
新幹線	75m	4500m	270km
ジェット機	240m	14400m	864km

秒速、分速、時速の関係は次のようになっています。

2 100mを10秒で走る人の速さと、時速40kmの自動車と
　　では、どちらが速いですか。

人　（秒速m）　100÷10＝10
　　（分速m）　10×60＝600
　　（時速m）　600×60＝36000

答え　**自動車**

3 時速1440kmのジェット機と、秒速340mで進む音と
　　ではどちらが速いですか。

式　1440÷60＝24（分速）
　　24000÷60＝400（秒速）

答え　**ジェット機**

4 時速45kmの自動車と時速55kmの自動車が、200kmは
　　なれた道路を向かい合う方向に同時に出発しました。
　　2台の車がすれちがうのは何時間後ですか。

式　45＋55＝100
　　200÷100＝2

答え　**2時間後**

5 プリンタAは2分間で50まい、プリンタBは5分間で
　　120まい印刷できます。速く印刷できるのは、どちらの
　　プリンタですか。

式　50÷2＝25
　　120÷5＝24

答え　**プリンタA**

仕事の速さも単位量あたりで比べることができます。

82

学習日 月 日　名前

色を
ぬろう

平行四辺形は、図のように面積を変えずに長方形に
直すことができます。

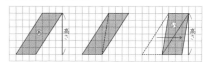

上のマスを1cm方眼と考えると、この平行四辺形の
面積は24cm²です。
　平行四辺形の面積は、次の公式で求めることができます。

平行四辺形の面積＝底辺×高さ

1 次の平行四辺形の面積を求めましょう。

① ②

式　5×4＝20　　式　7×8＝56

答え　20cm²　　答え　56cm²

あのような平行四辺形は、いの平行四辺形に面積を変え
ずに直すことができます。

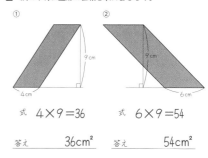

平行四辺形のどの辺を底辺と見るかで、高さは変わります。

2 次の平行四辺形の面積を求めましょう。

① ②

式　4×9＝36　　式　6×9＝54

答え　36cm²　　答え　54cm²

83

学習日 月 日　名前

色を
ぬろう

三角形は、同じ三角形を2つあわせて長方形や平行四辺
形にできます。

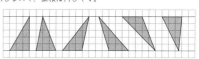

上のマスを1cm方眼と考えると、三角形の面積は12cm²
です。
　三角形の面積は、次の公式で求めることができます。

三角形の面積＝底辺×高さ÷2

1 次の三角形の面積を求めましょう。

① ②

式　9×4÷2＝18　　式　6×6÷2＝18

答え　18cm²　　答え　18cm²

次の三角形は、形はちがいますが、底辺が同じで高さも
同じなので、面積は同じです。

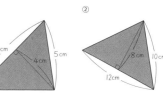

平行四辺形と同じように、三角形もどの辺を底辺と見る
かで、高さは変わります。

2 次の三角形の面積を求めましょう。

① ②

式　7×4÷2＝14　　式　12×8÷2＝48

答え　14cm²　　答え　48cm²

84

15 図形の面積 ③

学習日	名前
月 日	

色を
ぬろう　わからない　だいたいできた　できた!

台形は、図のように面積を変えずに三角形や平行四辺形などに直すことができます。

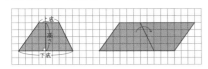

上のマスを1cm方眼と考えると、この台形の面積は22cm²です。

台形の面積は、次の公式で求めることができます。

台形の面積＝(上底＋下底)×高さ÷2

1 次の台形の面積を求めましょう。

式　(5+12)×6÷2
＝51

答え　51cm²

2 次の図は、すべて台形です。面積を求めましょう。

①

式　(6+10)×6÷2
＝48

答え　48cm²

②

式　(20+8)×12÷2
＝168

答え　168cm²

③

式　(10+16)×10÷2
＝130

答え　130cm²

85

---

 15 図形の面積 ④

学習日	名前
月 日	

色を
ぬろう　わからない　だいたいできた　できた!

1 図を見て、ひし形の面積を求めましょう。

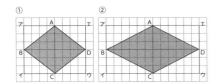

ひし形ABCDの面積は、長方形アイウエの面積の $\frac{1}{2}$ です。
長方形のたてアイは、ひし形の対角線ACの長さと同じです。
長方形の横イウは、ひし形の対角線BDの長さと同じです。

ひし形の面積＝対角線×対角線÷2

ひし形①、②の1マスを1cm²として、それぞれのひし形の面積を求めましょう。

① 式　6×8÷2＝24

答え　24cm²

② 式　6×12÷2＝36

答え　36cm²

2 次のひし形の面積を求めましょう。

①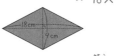

式　18×12÷2＝108

答え　108cm²

②

式　18×9÷2＝81

答え　81cm²

③

式　36×18÷2＝324

答え　324cm²

86

---

 15 図形の面積 ⑤ まとめ

学習日	名前
月 日	

合格
80〜100
点

1 次の平行四辺形、三角形の底辺をアとすると高さはどこでしょう。記号に○をつけましょう。　(各5点)

①

②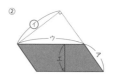

③

④

2 四角形の面積を求めましょう。　(式、答え各10点)

式　8×6÷2＝24
10×7÷2＝35
24＋35＝59

答え　59cm²

3 台形の面積を求めましょう。　(式、答え各10点)

式　(12+4)×5÷2＝40

答え　40cm²

4 次の平行四辺形と三角形の高さを求めましょう。　(式、答え各10点)

①

式　12÷4＝3

答え　3cm

②

式　12×2＝24
24÷6＝4

答え　4cm

87

---

 16 割合とグラフ ①

学習日	名前
月 日	

色を
ぬろう　わからない　だいたいできた　できた!

割合は、もとにする量を1として、比べられる量がいくつ分にあたるかを表した数です。

割合＝比べられる量÷もとにする量

1 AバスとBバスのこみぐあいの割合を小数で求めましょう。

	Aバス	Bバス
乗客数(人)	36	38
定員(人)	45	50

① Aバスのこみぐあい

[比べられる量]　[もとにする量]

式　36÷45＝0.8　答え　0.8

② Bバスのこみぐあい

[比べられる量]　[もとにする量]

式　38÷50＝0.76　答え　0.76

2 クラブの入会希望は、表のとおりです。
2つのクラブの入りやすさの割合(定員の何倍か)を小数で求めましょう。

	サッカー	バスケット
希望者(人)	48	36
定員(人)	30	24

① サッカー

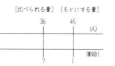

式　48÷30＝1.6　答え　1.6

② バスケット

式　36÷24＝1.5　答え　1.5

3 次の割合を求めましょう。

① 7戦7勝のときの、勝利の割合。

式　7÷7＝1　答え　1

② 5本のくじがすべてはずれたときの、あたった割合。

式　0÷5＝0　答え　0

88

136

❶ 2500mのジョギングコースの1900m地点を通過しました。通過地点は全体のどれだけにあたりますか。

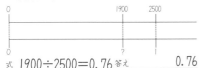

式 1900÷2500＝0.76　答え 0.76

❷ 姉の体重は36kgで、母は54kgです。母の体重は姉の体重のどれだけにあたりますか。

式 54÷36＝1.5　答え 1.5

❸ 大きい池は面積が960m²で、小さい池は624m²あります。小さい池は、大きい池のどれだけにあたりますか。

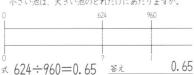

式 624÷960＝0.65　答え 0.65

割合を表す小数の0.01を、1パーセント といい、1% とかきます。
パーセント（%）で表した割合を、百分率 といいます。
百分率は、もとにする数を100として表した割合です。
小数で表した割合を100倍すれば、百分率になります。

割合の表し方に 歩合 があります。
0.1を1割、0.01を1分、0.001を1厘といいます。
バーゲンセールで1割引きとか、野球の打率が3割2分5厘とか表したりします。

0.325
3割2分5厘

❹ 左の❶❷❸で求めた割合の小数を百分率と歩合でかきましょう。

百分率 ❶ 76% ❷ 150% ❸ 65%

歩合 ❶ 7割6分 ❷ 15割 ❸ 6割5分

89

---

❶ 小型船のかもめ丸とつばめ丸のこみぐあいを調べました。

	かもめ丸	つばめ丸
乗客数（人）	84	72
定員（人）	80	90

① かもめ丸のこみぐあい（定員に対する乗客数）を4ますで表しましょう。

② かもめ丸の定員に対する乗客数の割合を百分率で表しましょう。

式 84÷80＝1.05

答え 105%

❷ ❶のつばめ丸の定員に対する乗客数の割合を百分率で求めましょう。

式 72÷90＝0.8

答え 80%

❸ ある県の人口は、1880年は約80万人、2000年は約200万人です。1880年の人口は、2000年の何%ですか。

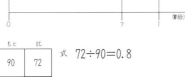

式 80÷200＝0.4

答え 40%

90

割合は、比べられる量÷もとにする量 でした。
比べられる量は、どうすれば求められるでしょうか。

比べられる量＝もとにする量×割合

❶ 定価6000円のシューズを、定価の75%で売っています。シューズの売りねは何円ですか。

式 6000×0.75＝4500

答え 4500円

❷ 180ページの本があります。1日で 75 % 読みました。読んだのは何ページですか。

式 180×0.75＝135

答え 135ページ

❸ 山田小学校の面積は6500m²で、60%が運動場です。運動場の面積は何m²ですか。

式 6500×0.6＝3900

答え 3900m²

❹ 山田小学校の生徒は250人で、56%がスポーツクラブに入っています。その人数は何人ですか。

式 250×0.56＝140

答え 140人

❺ 定員45人の定期バスに、定員の120%の人が乗っています。このバスに乗っている人は何人ですか。

式 45×1.2＝54

答え 54人

91

割合は、比べられる量÷もとにする量 でした。
もとにする量は、どうすれば求められるでしょうか。

もとにする量＝比べられる量÷割合

❶ 定価の80%で買ったシューズは、3600円でした。このシューズの定価は何円ですか。

式 3600÷0.8＝4500

答え 4500円

❷ 計算問題を180題しました。これは全体の75%です。この計算問題は全部で何題ですか。

式 180÷0.75＝240

答え 240題

❸ 谷川小学校の運動場は4500m²で、学校全体の面積の60%にあたります。谷川小学校全体の面積は何m²ですか。

式 4500÷0.6＝7500

答え 7500m²

❹ 谷川中学校のスポーツクラブ員の数は84人で、全生徒の56%にあたります。谷川中学校の生徒数は何人ですか。

式 84÷0.56＝150

答え 150人

❺ 急行電車の1両あたりの乗客数は180人で、これは定員の120%にあたります。1両あたりの定員は何人ですか。

式 180÷1.2＝150

答え 150人

92

学習日　月　日　名前

色を
ぬろう　わからない　だいたいできた　できた！

1 それぞれの県の四国全体にしめる割合と百分率を求めます。（電卓使用）

四国地方の県の面積の割合　(2018年)

県名	高知こうち	愛媛えひめ	徳島とくしま	香川かがわ	合計
面積（百km²）	71	57	41	19	188
割　合	0.38	0.30	0.22	0.1	1
百分率（%）	38	30	22	10	100

徳島県と香川県の四国全体にしめる割合（小数第3位を四捨五入）を求め、百分率を出しましょう。

2 上の表を見て、下の帯グラフにかきましょう。

四国地方の県の面積の割合　(2018年)

0　10　20　30　40　50　60　70　80　90　100 (%)

高知	愛媛	徳島	香川

3 高木さんは、駅前の道路を通った乗り物200台について、下のようにまとめました。割合と百分率を求め、帯グラフをかきましょう。

駅前の道路を通った乗り物の割合

乗り物	台数（台）	割合	百分率（%）
乗用車	84	0.42	42
バイク	44	0.22	22
トラック	30	0.15	15
自転車	22	0.11	11
バス	8	0.04	4
その他	12	0.06	6
計	200	1	100

駅前の道路を通った乗り物の割合

0　10　20　30　40　50　60　70　80　90　100 (%)

乗用車	バイク	トラック	自転車	その他

バス

93

学習日　月　日　名前

色を
ぬろう　わからない　だいたいできた　できた！

1 次の帯グラフを、下の円グラフにかきかえましょう。

四国地方の県の面積の割合

0　10　20　30　40　50　60　70　80　90　100 (%)

高知こうち	愛媛えひめ	徳島とくしま	香川かがわ

(2018年)

割合の大きい順に、右まわりに区切っていきます。

四国地方の県の面積の割合

2 県別の世帯数を百分率にして、円グラフにしましょう。

四国地方の県別世帯数の割合　(2018年)

県名	世帯数（万）	割合	百分率（%）
愛媛	65	0.37	37
香川	44	0.25	25
高知	35	0.20	20
徳島	34	0.19	19
計	178	1.01	101

※四捨五入したため合計が100%にならないときは、一番大きいものを1%へらしてグラフをかきます。

四国地方の県別世帯数の割合

94

学習日　月　日　名前

点

1 次の割合を百分率で表しましょう。　（各5点）

① 0.3 →（ 30% ）　　② 0.68 →（ 68% ）

③ 0.07 →（ 7% ）　　④ 1.5 →（ 150% ）

2 百分率で表した割合を小数で表しましょう。　（各5点）

① 8% →（ 0.08 ）　　② 40% →（ 0.4 ）

③ 95% →（ 0.95 ）　　④ 120% →（ 1.2 ）

3 □にあてはまる数をかきましょう。　（各5点）

① 6mは20mの 30 %です。

② 20mの60%は 12 mです。

③ 6mが20%にあたるロープの長さは 30 mです。

4 夕方にスーパーマーケットに行くと、640円のお弁当が3割引きになっていました。いくらで買えますか。（10点）

式　640×0.7=448

答え　448円

5 2学期のある日、休み時間に5年生がしていた遊びを表にしました。

① 全体をもとにして、それぞれの百分率を求めましょう。　（各5点）

休み時間の遊び

遊び	人数	百分率（%）
ドッジボール	23	46
サッカー	10	20
一輪車	7	14
なわとび	4	8
その他	6	12
合計	50	100

② 割合にあわせてめもりを区切り、帯グラフに表しましょう。　（10点）

休み時間の遊び

0　10　20　30　40　50　60　70　80　90　100 (%)

ドッジボール	サッカー	一輪車	なわとび	その他

95

学習日　月　日　名前

色を
ぬろう　わからない　だいたいできた　できた！

3つ以上の直線で囲まれた図形を **多角形** といいます。

3本の直線で囲まれた図形は、三角形です。角が3つあります。

6本の直線で囲まれた図形は、六角形です。角が6つあります。

1 次の多角形の名前をかきましょう。

①
四角形

②
五角形

③
八角形

④
九角形

辺の長さがすべて等しく、角の大きさがすべて等しい多角形を、**正多角形** といいます。

3つの辺の長さは、すべて同じです。3つの角は、すべて60°で同じです。これは、正三角形です。

4つの辺の長さは、すべて同じです。4つの角は、すべて90°（直角）で同じです。これは、正方形です。

2 次の正多角形の名前をかきましょう。

①
正五角形

②
正六角形

③
正八角形

96

138

17 正多角形と円周の長さ ②

学習日 月 日　名前

色を ぬろう

1 正多角形には、円の内側にぴったり入る性質があります。

図を見て、半径3cmの円の内側にぴったり入る正六角形をかきましょう。

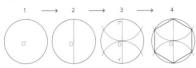

1　円をかく。
2　中心を通る直線をひく。
3　同じ半径で、ア、イをコンパスの足にして、円周にかかる半円をかく。
4　円周に交わる6つの点をむすぶ。

2からかいてみましょう。　1からかいてみましょう。

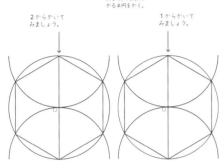

2 円の中心のまわりの角（360°）を5等分して（360°÷5＝72°）、正五角形をかきましょう。

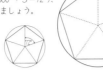

3 下の正多角形の中心の角（ア～イ）を計算で求めましょう。正多角形なので、それぞれの中心の角は等分されています。

①

式　$360 \div 6 = 60$

答え　60°

②

式　$360 \div 8 = 45$

答え　45°

97

17 正多角形と円周の長さ ③

学習日 月 日　名前

色を ぬろう

どんな大きさの円でも、**円周÷直径**は、同じ数になります。この同じ数を**円周率**といいます。

円周÷直径＝円周率

円周率は、3.141592…とかぎりなく続く数です。
ふつうは、3.14として使います。

右の図は、直径（**アイ**）4cmの円の外側に接する正方形と、円の内側に接する正六角形をかいたものです。
正方形のまわりの長さは、4×4で16cmです。
六角形のまわりの長さは、2×6で12cmになります。

つまり、円周は直径（**アイ**）の4倍より小さく、3倍よりは大きいということがわかります。およその円周や、およその直径が知りたいときには、3.14でなく3を使うこともあります。

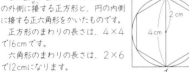

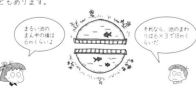

まるい池のまん中の橋は6mくらいよ

それなら、池のまわりは6×3で18mくらいだ

1 次の円の直径を計算で求めましょう。
以下、円周率は3.14とします。

① 円周 18.84cm

式　$18.84 \div 3.14 = 6$

答え　6cm

② 円周 21.98cm

式　$21.98 \div 3.14 = 7$

答え　7cm

98

17 正多角形と円周の長さ ④

学習日 月 日　名前

色を ぬろう

1 次の円の円周を求めましょう。

直径×円周率＝円周　（半径×2×3.14＝円周）

①

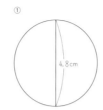

4.8cm

式　$4.8 \times 3.14 = 15.072$

答え　15.072cm

②

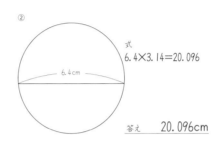

6.4cm

式　$6.4 \times 3.14 = 20.096$

答え　20.096cm

2 次の円の直径は6cmです。太い線の長さを求めましょう。

①

式
$6 \times 3.14 \div 2 = 9.42$
$9.42 + 6 = 15.42$

（円を等分）

答え　15.42cm

②

式
$6 \times 3.14 \div 3 \times 2$
$= 12.56$
$12.56 + 6 = 18.56$

（円を3等分）

答え　18.56cm

③

式
$6 \times 3.14 \div 4 \times 3$
$= 14.13$
$14.13 + 6 = 20.13$

（円を4等分）

答え　20.13cm

99

18 角柱と円柱 ①

学習日 月 日　名前

色を ぬろう

立体には、いろいろな形があります。

⑦　三角柱　　④　四角柱　　⑦　六角柱　　⑤　円柱

角柱

2つの平行な面を**底面**といいます。
2つの底面は合同な形です。
底面以外のまわりの面を**側面**といいます。
角柱の側面は、長方形か正方形です。

角柱は、底面の形で三角柱、四角柱、五角柱…と区別します。立方体や直方体は、四角柱の特別な形です。

円柱

2つの平行な面は、合同な円です。円柱の側面は、曲面です。

1 角柱のちょう点、辺、面の数を調べましょう。

	三角柱	四角柱	五角柱	六角柱
ちょう点の数	6	8	10	12
辺 の 数	9	12	15	18
面 の 数	5	6	7	8

● 三角柱…ちょう点の数　$3 \times 2 = 6$
　　　…辺の数　$3 \times 3 = 9$
　　　…面の数　$3 + 2 = 5$

2 計算で、次の角柱のちょう点、辺、面の数を求めましょう。

	七角柱	八角柱	十角柱	十二角柱
ちょう点の数	14	16	20	24
辺 の 数	21	24	30	36
面 の 数	9	10	12	14

100

139

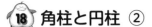

学習日　月　日　名前

色を
ぬろう
わからない　だいたい　できた！
できた

1 右の角柱について答えましょう。

① この角柱の底面の正多角形の名前は、何といいますか。
正六角形

② この角柱の名前は、何といいますか。
六角柱

③ 面アイウエオカに平行な面はどれですか。
面キクケコサシ

④ 底面に垂直な面は、何個ありますか。
6個

⑤ 1つの側面の形は、何といいますか。
長方形

⑥ 平行な面は、何組ですか。
4組

⑦ 底面に垂直な辺は、何本ありますか。
6本

⑧ 辺アキに平行な辺は、何本ありますか。
5本

⑨ 辺アカに平行な辺は、何本ありますか。
3本

2 次の立体の名前をかきましょう。

① （ 五角柱 ）
② （ 円柱 ）
③ （ 三角柱 ）

3 次の文の（　）にあてはまる言葉をかきましょう。

角柱で上下の向かいあった2つの面を

（⑦ 底面 ）といい、大きさも形も

（① 同じ ）です。

それ以外の面は（⑦ 側面 ）といい、

形はすべて（① 長方形 ）や正方形になっています。

学習日　月　日　名前

色を
ぬろう
わからない　だいたい　できた！
できた

1 次の展開図を見て答えましょう。

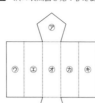

① 組み立ててできる立体は何といいますか。
（ 五角柱 ）

② 底面は何という形ですか。
（ 五角形 ）

③ 面⑦と平行になる面はどれですか。
（ 面① ）

④ 面①と垂直になる面をすべてかきましょう。
（ 面 ⑦、①、⑦、⑦、⑦ ）

⑤ 面①と垂直になる辺は何本ありますか。
（ 5本 ）

2 次の展開図を見て、立体の名前をかきましょう。

① 4cm 4cm 8cm
②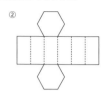

四角柱　　　六角柱

③ 10cm 13cm
④

円柱　　　三角柱

学習日　月　日　名前

色を
ぬろう
わからない　だいたい　できた！
できた

1 正しい方を〇で囲みましょう。

上のような立体を（角柱・円柱）といいます。

大きさが同じで、平行な2つの円の面を（底面・側面）
といい、まわりの面を（底面・側面）といいます。

円柱の側面は（平面・曲面）になっています。

2 （　）に名前をかきましょう。

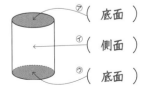

⑦（ 底面 ）
①（ 側面 ）
⑦（ 底面 ）

3 次の図は、立体を正面から見た図と真上から見た図です。それぞれ何という立体ですか。

① 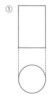（ 円柱 ）
② （ 三角柱 ）
③ （ 六角柱 ）

④ （ 五角柱 ）
⑤ （ 四角柱 ）

学習日　月　日　名前

色を
ぬろう
わからない　だいたい　できた！
できた

1 底辺の三角形の辺の長さは、3cm、4cm、5cmです。三角柱の高さは6cmです。展開図をかきましょう。

2 底面の円の直径は3cmです。円柱の高さは5cmです。円柱の展開図をかきましょう。

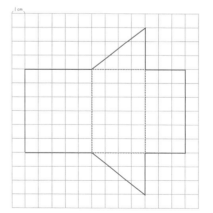 1cm

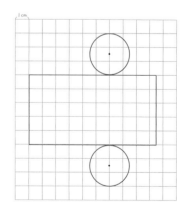 1cm

19 特別ゼミ 倍数の見つけ方

学習日 月 日　名前

色をぬろう　わからない　だいたいできた　できた

九九を習ったときの2のだんの答えの2、4、6、8、……を2の倍数といいます。同じように、3のだんの答えが3の倍数、……9のだんの答えが9の倍数を表しています。九九のはんいの数については、何の倍数かすぐわかりますが、大きな数については、わかりません。大きい数について、何の倍数か見分ける方法があります。

> 2の倍数……下1けたが2の倍数。(0、2、4、6、8)
> 4の倍数……下2けたが4の倍数。(00、04、08、12、……)
> 5の倍数……下1けたが5の倍数。(0、5)
> 3の倍数……各位の数字の和が3の倍数。
> 　　　　　　例、375は3+7+5=15で、15は3の倍数)
> 9の倍数……各位の数字の和が9の倍数。
> 　　　　　　(例、783は7+8+3=18で、18は9の倍数)

1 次の数のうち、2の倍数はどれですか。番号で答えましょう。

① 764　　② 681　　③ 4327

答え　　①

2 次の数のうち、4の倍数はどれですか。番号で答えましょう。

① 369　　② 448　　③ 6288

答え　　②　③

3 次の数のうち、5の倍数はどれですか。番号で答えましょう。

① 531　　② 200　　③ 3795

答え　　②　③

4 次の数のうち、3の倍数はどれですか。番号で答えましょう。

① 246　　② 319　　③ 4847

答え　　①

5 次の数のうち、9の倍数はどれですか。番号で答えましょう。

① 558　　② 362　　③ 2673

答え　　①　③

6 次の数のうち、2でも3でもわり切れる数はどれですか。番号で答えましょう。

① 7581　　② 4722　　③ 5143
④ 6244　　⑤ 3171　　⑥ 9836

答え　　②

105

19 特別ゼミ ふしぎなかけ算

学習日 月 日　名前

色をぬろう　わからない　だいたいできた　できた

1 11×11=121 です。
では、111×111 の答えはいくつになるでしょうか。
111×111=12321 です。
それでは
1111×1111 の答えを予想しましょう。

1111×1111＝| 1234321 |

筆算で計算して答えを確かめましょう。

```
        1 1 1 1
    ×   1 1 1 1
    ───────────
        1 1 1 1
      1 1 1 1
    1 1 1 1
  1 1 1 1
  ───────────
  1 2 3 4 3 2 1
```

1 1 1 1 1 1×1 1 1 1 1 1＝| 123454321 |

もう　わかりましたね。

2
53×11＝583
45×11＝495
31×11＝341

上の3つの式と答えを見て何か気がついたことはありませんか。

5̇3×11＝5̇8̇3̇
4̇5×11＝4̇9̇5̇
3̇1×11＝3̇4̇1̇

わかりましたか？

5̇3×11＝5̇8̇3̇　ですね。
　　　　5+3

いくつになりますか。

① 62×11＝| 682 |
② 72×11＝| 792 |

筆算で確かめましょう。

```
      6 2
    × 1 1
    ──────
      6 2
    6 2
    ──────
    6 8 2
```

106

19 特別ゼミ どんな式？

学習日 月 日　名前

色をぬろう　わからない　だいたいできた　できた

1 次の①〜④の問題の答えを求める式を、⑦〜①から選びましょう。同じ式を何回でも選べます。

⑦ 360+1.2　　④ 360×1.2
⑦ 360−1.2　　① 360÷1.2

① 1.2kg が 360 円のさとうがあります。
このさとう1kgは何円ですか。　　①

② 1kgが 360 円のくぎがあります。
このくぎを1.2kg買うと何円ですか。　　④

③ 米1kgは 360 円です。
あずき1kgは、米の1.2倍のねだんです。
あずき1kgは何円でしょう。　　④

④ 赤いリボン1mは 360 円です。
これは、白いリボン1mのねだんの1.2倍です。
白いリボン1mは何円ですか。　　①

2 ①〜⑤の問題の答えを求める式を、⑦〜①から選びましょう。同じ式を何回でも選べます。

⑦ 240+0.8　　④ 240−0.8
⑦ 240×0.8　　① 240÷0.8

① こおりざとうは、0.8kgで240円です。
こおりざとう1kgは何円ですか。　　①

② 赤いリボンと青いリボンがあります。
赤いリボンの長さは240cmです。
青いリボンは、赤いリボンの0.8倍の長さです。青いリボンは何cmですか。　　⑦

③ 1a の畑に240kgの肥料を使います。
0.8aの畑なら何kgの肥料がいりますか。　　⑦

④ 240kgの肉があります。
その8割(=0.8)は牛肉です。
牛肉は何kgありますか。　　⑦

⑤ 水そうの80%(=0.8)まで水を入れると240Lです。
この水そうに水は何L入りますか。　　①

107

19 特別ゼミ 何倍かに分ける

学習日 月 日　名前

色をぬろう　わからない　だいたいできた　できた

1 谷さんと原さんが、カード取りゲームをします。
カードは全部で60まいです。

① 60まいのカードを2等分し、2人で分けました。
それぞれ何まいずつになりますか。

式　60÷2=30

答え　**30まいずつ**

② 1回戦が終わりました。結果は谷さんの勝ちでした。
谷さんは、原さんの2倍のカードを持っていました。
谷さんは何まい持っていますか。

式　60÷3=20　20×2=40

答え　**40まい**

③ 2回戦は、原さんの大勝利でした。原さんは谷さんの3倍のカードになっていました。原さんが何まい持っていますか。

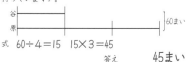

式　60÷4=15　15×3=45

答え　**45まい**

2 折り紙を姉さんは95まい、妹は25まい持っていました。
姉さんが妹に何まいかわたしたので、姉さんの折り紙は、妹の折り紙の3倍になりました。姉さんは妹に何まいわたしましたか。

式　120÷4=30　30×3=90
　　95−90=5

答え　**5まい**

3 30mのロープがあります。これを2つに切って、長い方のロープが短いロープの3倍より2m長くなるようにします。長い方のロープは何mですか。

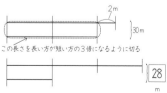

この長さを長い方が短い方の3倍になるように切る

式　28÷4=7　7×3=21
　　21+2=23

答え　**23m**

108

19 特別ゼミ 規則性の発見

1 |辺の長さが|cmの正方形のタイルを、次の図のようにならべていきます。

1番目　2番目　3番目　4番目

上のタイルの数の変わり方を表にしました。

何　番　目	1	2	3	4	5	6
タイルの数(個)	1	4	9	16	⑦	⑦

タイルの数の数え方は、下の図のように考えます。

① ⑦のタイルの数は何個ですか。　答え　25個

② ⑦のタイルの数は何個ですか。　答え　36個

③ 10番目のタイルの数は何個ですか。　答え　100個

2 |辺の長さが|cmの正方形のタイルを図のようにならべました。

  →

まわりの長さを求める

まわりの長さを調べるため、各部分の辺を矢印の方へ移動しました。このことを使って、図のまわりの長さを求めましょう。

式　4+7=11　11×2=22

答え　22cm

3 |辺の長さが|cmの正方形のタイルを図のようにならべました。まわりの長さを求めましょう。

式　5+5=10
　　10×2=20

答え　20cm

109

19 特別ゼミ 面積は同じ

1 正方形に|本の直線をひいて、同じ面積になるように2つに分けましょう。

2 長方形に|本の直線をひいて、同じ面積になるように2つに分けましょう。

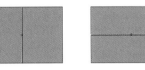

※ 2つに分ける直線は、図形の中心をとおります。

3 下のように、正方形や長方形が組み合わさった ■ 部分の形を、|本の直線をひいて同じ面積になるように分けてみましょう。
※ 組み合わさっている正方形や長方形には、必ず中心があります。

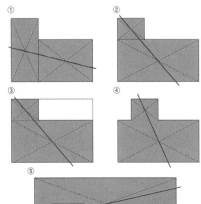 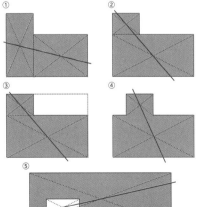

①　②

③　④

⑤

110

19 特別ゼミ 角の大きさ

1 |組の三角定規を下の図のように置きました。
三角定規の90°、60°、45°、30°は、わかっている角度なので、図にかいておきましょう。

① ⑦〜⑤の角の大きさを求めましょう。

⑦	60°
⑦	120°
⑦	60°
⑤	75°
⑦	105°
⑦	90°
⑦	90°
⑦	45°
⑦	135°
⑤	135°

② 定規が重なってできた五角形の5つの角の大きさの和は何度ですか。

答え　540°

2 次の図は、正方形の中に、正方形の辺と長さが同じ辺の正三角形をかいたものです。
正方形の|つの角の大きさや、正三角形の|つの角の大きさはわかっていますね。
⑦〜⑦の角の大きさを求めましょう。

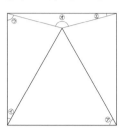

式　180÷3=60　　⑦　60°

式　90−60=30　　⑦　30°

式　(180−30)÷2=75　　⑦　75°

式　90−75=15　　⑤　15°

式　180−(15+15)=150　　⑦　150°

111

19 特別ゼミ 等積変形

2本の平行な直線に接している図の三角形⑦、⑦、⑦の面積は、底辺が共通で高さが等しいので同じになります。

高さ
底辺

これを応用して、四角形を同じ面積をもつ三角形に変えます。

① イとエをむすぶ対角線をひく。
② ウとエの底辺をのばす。
③ ちょう点アを通り、対角線①に平行な線をひく。
④ ②、③の交点とちょう点イをむすぶ。

1 次の四角形を、対角線を使って面積の等しい三角形に変えましょう。その三角形に色をぬりましょう。

2 次のような形を面積が等しい三角形に変えましょう。
三角形への変え方はいろいろあります。2つかいて、できた三角形に色をぬりましょう。

112

142

19 特別ゼミ 多角形の角の和

学習日	月　日	名前	

色をぬろう　😖わからない　🙂だいたいできた　😀できた!

1 多角形を対角線で三角形に分けます。

四角形　五角形　六角形　七角形

① 分けてできる三角形は、多角形の辺の数よりいくつ少ないですか。

答え　**2つ少ない**

② 三角形の3つの角の大きさの和は何度ですか。

答え　**180°**

③ 下の表の⑦～⑦を求めましょう。

多角形の名前	四角形	五角形	六角形	七角形	八角形
三角形の数	2	3	4	⑦	⑦
多角形の角の和（度）	360	540	⑦	⑦	⑦

⑦　**5**　⑦　**6**

⑦　**720**　⑦　**900**　⑦　**1080**

2 多角形の内側の点アとちょう点を直線でむすび、三角形に分けます。

四角形　五角形　六角形　七角形

① 点アのまわりに集っている角の和は何度ですか。

答え　**360°**

② 180°×4−360°は、上のどの多角形の角の和を求めたのですか。

答え　**四角形**

③ 上の図の五角形の角の和を求める式をかきましょう。

式　**180°×5−360°**

④ 上の図のように考えて、十角形の角の和を求める式をかきましょう。

式　**180°×10−360°**

113

---

19 特別ゼミ 三角形・四角形の数

学習日	月　日	名前	

色をぬろう　😖わからない　🙂だいたいできた　😀できた!

1 次の図は、長方形に対角線をひいたものを2つつなげた図です。
三角形、長方形、平行四辺形、ひし形、台形が何個あるか、しっかり数えましょう。

※ どの形を数えているかを、確かめながらしましょう。

三角形　**18個**

長方形　**3個**

平行四辺形　**2個**

ひし形　**1個**

台形　**8個**

2 正方形が何個か、長方形が何個か数えましょう。

正方形　**14個**

長方形　**22個**

3 三角形が何個あるか数えましょう。

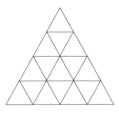

三角形　**27個**

114

143

基礎から活用まで　まるっと算数プリント　小学5年生

2020年1月20日　発行

....

●著　者　金井　敬之 他　　　　　　　　●発行者　蒔田　司郎

●企　画　清風堂書店　　　　　　　　　●表紙デザイン　ウエナカデザイン事務所

●発行所　フォーラム・A

　　〒530-0056　大阪市北区兎我野町15-13　　　　書籍情報などは

　　TEL：06(6365)5606／FAX：06(6365)5607　　　フォーラム・Aホームページまで

　　振替　00970-3-127184　　　　　　　　　　　http://foruma.co.jp

....